KÜNSTLICHE INTELLIGENZ FÜR EINSTEIGER LEICHT GEMACHT

So setzen Sie KI-Tools praxisnah ein, um Inhalte zu erstellen, Aufgaben zu automatisieren und Einkommen zu erhöhen – ein No-Code-Projekt-Handbuch

MODERNMIND PUBLICATIONS

(2. Auflage)

Inhalt

Einführung

Was wäre, wenn Sie die Social-Media-Beiträge für eine ganze Woche in nur 30 Minuten verfassen und dabei sogar Freude daran haben könnten? Was wäre, wenn Sie Kundenfeedback analysieren, Muster erkennen und personalisierte Antworten verfassen könnten, und das alles, ohne ein Team einstellen zu müssen?

Genau das machen Menschen wie Sie bereits heute mit generativen KI-Tools: Sie erledigen Aufgaben schneller, automatisieren Kunden-E-Mails und erstellen Marketinginhalte. KI gibt Ihnen Zugang zu denselben leistungsstarken Werkzeugen, die früher nur großen Unternehmen vorbehalten waren. Neue Kreative bauen sich damit in kurzer Zeit ein Publikum auf, während etablierte Influencer, die KI ignorieren, ins Hintertreffen geraten. Und erfahrene Kreative, die KI einsetzen, lassen ihre Konkurrenz weit hinter sich. Die Frage ist nicht, ob KI unsere Arbeitsweise verändert. Die Frage ist, ob Sie Teil dieser Veränderung sein werden oder ob Sie zunächst nur zuschauen, bis Sie merken, dass fast alle längst mitgezogen sind.

Stellen Sie sich vor, es ist Montagmorgen. Sie setzen sich hin und müssen:

- Entwürfe und Variationen für eine neue Produktlinie entwickeln
- grobe Skizzen in ausgefeilte Visualisierungen für Kundenpräsentationen umwandeln
- Hintergrundmusik für Ihren Podcast oder Ihre Videos generieren
- einen Chatbot erstellen, der rund um die Uhr Kundenanfragen beantwortet
- lange Besprechungsaufzeichnungen in umsetzbare Zusammenfassungen verwandeln
- Logos und Markenelemente entwerfen, ohne einen Designer zu beauftragen
- Tabellenkalkulationsdaten in überzeugende Visualisierungen umwandeln

Ohne KI würde all das vier oder fünf volle Arbeitstage dauern, vorausgesetzt, Sie besitzen die nötigen Fähigkeiten. Wenn nicht, müssten Sie hohe Kosten in Kauf nehmen. Mit den richtigen KI-Tools und etwas Übung können Sie dieselben Ergebnisse jedoch bis zum Ende des Tages erzielen, kostenlos oder zu sehr geringen Kosten.

Wenn das Ihre neue Realität wäre, wie würden Sie den Rest Ihrer Woche gestalten? Möglicherweise würden Sie endlich die Idee umsetzen, die Sie schon so lange mit sich herumtragen. Oder Sie hätten das Gefühl, nicht länger ständig hinterherzuhinken, nur weil Sie ein Ein-Personen-Team sind. Sie würden ins Fitnessstudio gehen. Mit Ihren Kindern in den Park gehen. Oder endlich das Buch lesen, das seit Monaten auf Ihrem Nachttisch liegt.

So setzen Menschen KI bereits heute ein, und ich bin überzeugt, dass mindestens ein Beispiel Sie zu einer eigenen Idee inspirieren wird. Innenarchitekten nutzen KI, um Raumaufteilungen und Farbschemata sofort zu visualisieren. Podcaster und YouTuber setzen darauf, um Hintergrundgeräusche zu entfernen und individuelle Intro-Musik zu komponieren. Kleinunternehmer nutzen KI, um Kundenanfragen über Nacht zu bearbeiten, ohne ständig ihre E-Mails im Auge behalten zu müssen. Ein Datenanalyst verwandelt eine unübersichtliche Tabelle in eine Reihe übersichtlicher Grafiken. Ein Kursentwickler entwirft Unterrichtsskripte und übersetzt sie für ein internationales Publikum. Selbst Solopreneure nutzen sie, um Videos zu bearbeiten, Fotos zu optimieren und einfache Apps zu erstellen.

Was viele Einsteiger nicht wissen: Man muss die technischen Feinheiten von KI nicht verstehen, um sie erfolgreich nutzen zu können. Wenn Sie in meinem Alter sind, erinnern Sie sich bestimmt noch an das Einwählen ins Internet. Das quietschende Modemgeräusch, das dreiminütige Warten, bis ein einziges Foto geladen war, und die Unterbrechung der Verbindung, wenn jemand das Telefon benötigte? Niemand verstand genau, wie die Telefonleitungen Websites auf den Bildschirm brachten. Man wusste lediglich, dass man über das Internet E-Mails an den Cousin in Japan senden und um Mitternacht nach Rezepte suchen konnte. Das war genug. Ich war begeistert.

Heute streamen wir 4K-Filme auf unseren Smartphones, ohne darüber nachzudenken, wie unglaublich das vor 20 Jahren noch geklungen hätte. Wenn man jemanden fragt, wie WLAN eigentlich funktioniert, wie diese unsichtbaren Signale Netflix durch Betonwände übertragen, zuckt dieser nur mit den Schultern. Es spielt keine Rolle. Es funktioniert, es ist nützlich, und das ist alles, was man wissen muss.

Man musste Modems nicht verstehen, um das Internet zu nutzen, aber man musste wissen, wie man eine Webadresse eingibt, auf einen Link klickt und eine E-Mail versendet.

Die technischen Details konnten ein Geheimnis bleiben, die Grundlagen der Interaktion jedoch nicht.

Doch irgendwie haben wir uns bei der KI davon überzeugt, dass es anders ist. Dass sie „nur für Ingenieure“ oder „zu technisch“ ist, um sie zu verstehen. Dass man einen Abschluss in Informatik braucht, um sie zu nutzen.

Unsinn.

Generative KI folgt dem gleichen Prinzip wie das Internet. Vergessen Sie neuronale Netze und maschinelles Lernen. Entscheidend ist, zu wissen, wie man mit diesen Tools kommuniziert – wie man seine Wünsche formuliert und nützliche Ergebnisse erhält. Das ist der Unterschied zwischen dem Zugang zu leistungsstarker Technologie und ihrer tatsächlichen Nutzung, um voranzukommen.

Die Welt ist voller intelligenter Fachleute, die mit KI hadern, nicht weil ihnen die Fähigkeit fehlt, sondern weil die meisten Ressourcen stillschweigend voraussetzen, dass man die Sprache der Tools bereits beherrscht. Man ist nicht überfordert, weil man nicht intelligent genug ist, sondern weil einem niemand gezeigt hat, wie man diese Tools einsetzt, um tatsächlich etwas zu erreichen. Statt konkreter Hilfen gibt es oft nur vage Tipps, Screenshots von Benutzeroberflächen, die sich wöchentlich ändern, oder endlose Zukunftsprognosen. Doch genau darum geht es nicht.

Dieses Buch verfolgt einen anderen Ansatz.

Ich habe es in vier Phasen gegliedert, um Ihnen zu helfen, Ihr Wissen schrittweise aufzubauen.

Zunächst schaffen Sie eine solide Grundlage, indem Sie verstehen, was generative KI wirklich ist, wie Sie die richtigen Tools auswählen, ohne sich in der Vielzahl der Optionen zu verlieren, und indem Sie die Kunst der effektiven Kommunikation mit KI-Tools beherrschen, die zu Ergebnissen führen.

Als Nächstes lernen Sie, wie Sie diese Fähigkeiten mit den geeigneten KI-Tools einsetzen, um verschiedene Arten von Inhalten zu erstellen: Text, Bildmaterial, Audio und Video.

In der dritten Phase lernen Sie, wie Sie Ihr Wissen über die Erstellung von Inhalten mit generativer KI anwenden können, um sinnvolle Ergebnisse in Ihrem Leben und Ihrer Arbeit zu erzielen.

Abschließend werde ich Ihnen fortgeschrittene Anwendungen vorstellen, nicht damit Sie diese sofort beherrschen, sondern damit Sie ein klares Verständnis davon erhalten, wie Ihr Lernweg nach Abschluss dieses Buches aussehen wird und wie tiefgreifend sich diese Fertigkeit auf Ihr Leben auswirken kann, wenn Sie sich weiterentwickeln.

In fast jedem Kapitel finden Sie Übungen, die Ihnen dabei helfen, das Gelernte sofort praktisch anzuwenden. Diese Übungen bauen aufeinander auf, und am Ende des Buches haben Sie tatsächlich eine echte Blogging-Website erstellt, die Sie mit Inhalten und Bildern füllen können. Wenn Sie kein Blogger werden oder keine eigene Website betreiben möchten, ist das kein Problem. Ich empfehle Ihnen dennoch, die Übungen zu absolvieren, da Sie dadurch das nötige Grundgerüst erwerben, um andere Projekte mit generativen KI-Tools zu realisieren.

Sobald Sie verstehen, was diese Tools leisten können, verändert sich Ihre Herangehensweise an Ihre Arbeit und Ihre Zeit. Ich behaupte nicht, dass Sie auf dem Weg zur Arbeit sofort ein ganzes Buch schreiben werden. Ich möchte jedoch Folgendes anmerken: In unserem Unternehmen haben wir Automatisierungen entwickelt, die Blogbeiträge verfassen, Inhalte für soziale Medien entwerfen, Besprechungen zusammenfassen und sogar grundlegende Buchhaltungsaufgaben übernehmen. Dadurch kann sich unser Team auf die Aufgaben konzentrieren, die wirklich etwas bewirken. Ich habe Tools eingerichtet, die in 10 Minuten zehn SEO-optimierte Blogentwürfe erstellen können.

Diese Entwürfe sind nicht das Endprodukt. Ich verbringe anschließend ein bis zwei Stunden damit, sie zu überarbeiten und zu verbessern, um die Qualität zu steigern und den Inhalt einzigartig und wirklich nützlich zu gestalten. Dies ist jedoch immer noch besser, als 4 bis 8 Stunden pro Beitrag zu investieren. Ich habe sogar darüber nachgedacht, dieses Detail wegzulassen, da es wie Selbstwerbung klingen könnte. Ich teile es dennoch mit Ihnen, da die meisten Menschen noch nicht erkennen, was alles möglich ist.

Die eigentliche Geschichte handelt nicht von Geschwindigkeit. Es geht darum, was möglich wird, wenn man ein System eingerichtet hat. Mit den richtigen Tools und Arbeitsabläufen können Sie ein Maß an Effizienz und kreativer Leistung erreichen, das Ihre Arbeitsweise vollständig verändert.

Dieses Buch richtet sich an Menschen, die reale Probleme lösen möchten. Sie benötigen keine weitere Liste von Tools. Wir sind bereits mit Tools überflutet. Sie benötigen ein System.

Wenn Sie dieses Buch gelesen haben, werden Sie wissen, wie Sie:

- Effektive Prompts (also Anweisungen für KI-Tools) erstellen, die hochwertige KI-generierte Ergebnisse liefern
- Projekte mit KI als Ihrem Co-Planer brainstormen und organisieren
- Blogbeiträge, E-Mails und Marketinginhalte in Ihrem eigenen Stil verfassen
- Bilder, Logos und Designs aus einfachen Textbeschreibungen erstellen
- Aufzeichnungen von Besprechungen in umsetzbare Zusammenfassungen umwandeln
- Verschiedene KI-Tools kombinieren, um reale Projekte abzuschließen.
- Das Gelernte direkt in Ihrer Arbeit und für Ihre Ziele anwenden.

Die Werkzeuge sind da. Sie sind erschwinglich. Und sie warten darauf, genutzt zu werden. Sind Sie bereit? Dann lassen Sie uns beginnen.

1

Was ist generative KI?

ES IST HEUTE KAUM MÖGLICH, die Nachrichten zu verfolgen oder durch soziale Medien zu scrollen, ohne auf Themen rund um künstliche Intelligenz (KI) zu stoßen. Freunde, Kollegen und möglicherweise sogar Großeltern bringen das Thema in Gesprächen zur Sprache. Selbst große US-Talkshows greifen das Thema inzwischen regelmäßig auf. Ein Großteil der Diskussion ist von Hype und Spekulation geprägt, weil die meisten Menschen bis heute nicht wirklich verstehen, was KI eigentlich ist. Für viele von uns ist der bekannteste Bezugspunkt immer noch ein Film, den wir in den 90er Jahren gesehen haben.

Die KI in diesen Filmen und die KI, die wir heute nutzen, funktionieren jedoch nach sehr unterschiedlichen Prinzipien. Die unberechenbare KI, die wir im Kino sehen, setzt Fähigkeiten wie Denken, Motive und Bewusstsein voraus. Das haben wir noch lange nicht entwickelt, und vielleicht werden wir es auch nie erreichen. Was leisten KI und generative KI *tatsächlich*? Und worin besteht der Unterschied zwischen den beiden?

Manche glauben, generative KI sei nur dazu da, Arbeitsplätze zu vernichten. Das stimmt nicht. In Wirklichkeit ist die Erklärung viel einfacher. Generative KI soll niemanden ersetzen. Betrachten Sie sie stattdessen als ein Werkzeug, mit dem Sie in kürzerer Zeit mehr erledigen können. Stellen Sie sich vor: In der Zeit, die Sie sonst für einen einzigen E-Mail-Entwurf brauchen, hätten Sie zehn fertige Versionen – ohne dass Ihr ‚Assistent' müde wird oder die Konzentration verliert.

Was ist generative KI: und wie unterscheidet sie sich von herkömmlicher KI?

Vor der generativen KI wurden die meisten künstlichen Intelligenzsysteme für ganz bestimmte Aufgaben entwickelt. Diese „traditionellen" KI-Systeme waren hervorragend darin, Daten zu analysieren, Muster zu erkennen und auf der Grundlage ihrer bisherigen Erfahrungen Vorhersagen oder Klassifizierungen zu treffen. Sie sind wie Spezialisten aufgebaut – gut in einer Sache.

Traditionelle KI ist nicht neu. Sie arbeitet seit Jahren still und leise im Hintergrund der Anwendungen und Abonnements, die Sie täglich nutzen. Wenn Sie beispielsweise mit Ihrem iPhone ein Foto von Ihrem Hund machen, kann Apple Intelligence, die KI von Apple, die Rasse identifizieren. Dazu analysiert es Muster im Bild, wie die Form der Ohren, die Länge des Fells und die Farbmuster, und vergleicht diese Merkmale dann mit einer umfangreichen Datenbank mit gekennzeichneten Hunderassen. Basierend auf der besten Übereinstimmung ordnet sie dem Bild eine Rasse zu. Diese Art von KI bringt jedoch nichts Neues hervor. Sie klassifiziert Informationen anhand dessen, was sie bereits gelernt hat. Außerdem ist sie nicht immer korrekt. Mein Handy verwechselt meinen Cocker-Spaniel-Pekinese-Mix regelmäßig mit einem Cavalier King Charles Spaniel. So verwechseln ihn übrigens auch viele Menschen. Wenn wir bei Menschen nicht erwarten, dass sie eine Hunderasse jedes Mal richtig erraten, warum sollten wir das von KI verlangen? Wenn ein falscher Tipp bedeuten würde, dass KI nicht intelligent ist, dann müsste man nach diesem Maßstab auch Menschen ihre Intelligenz absprechen.

Ein Empfehlungssystem, wie es etwa Netflix oder Amazon einsetzen, analysiert Ihre Seh- oder Kaufgewohnheiten (und die von Millionen anderer Nutzer), um vorherzusagen, was Sie als Nächstes sehen oder kaufen möchten. Wenn Netflix Ihnen auf Grundlage Ihrer Sehgewohnheiten und denen ähnlicher Zuschauer Ihre nächste Serienempfehlung vorschlägt, handelt es sich um traditionelle KI. Systeme wie diese fallen unter einen Zweig der KI namens maschinelles Lernen, der Algorithmen verwendet, um Muster in Daten zu finden und Vorhersagen zu treffen, ohne für jedes Szenario explizit programmiert zu sein. Sie haben dabei schon künstliche Intelligenz genutzt, wahrscheinlich ohne es bewusst zu bemerken.

Das Problem bei herkömmlicher KI ist, dass sie auf die Daten beschränkt ist, die ihr zur Verfügung stehen. Sie ist darauf ausgelegt, Muster zu erkennen, Informationen zu sortieren und Vorhersagen zu treffen – jedoch nur innerhalb der Grenzen dessen, was sie bereits weiß. Das bedeutet, dass sie sich hervorragend für

Aufgaben wie die Identifizierung betrügerischer Kreditkartentransaktionen, das Auswerten medizinischer Scans, die Vorhersage von Verzögerungen in der Lieferkette, die Erkennung von Geräteausfällen oder die Empfehlung von Produkten eignet, die Ihnen aufgrund Ihrer bisherigen Einkäufe gefallen könnten. Sie kann filtern, kategorisieren und Verbindungen herstellen, die Menschen normalerweise übersehen würden, aber sie bringt nichts Neues hervor. Das können nur generative KI-Modelle. Ihr Ergebnis ist immer nur eine Neuanordnung oder ein Abbild dessen, was bereits vorhanden ist.

Dies wirft eine häufig gestellte Frage auf: Wenn diese Systeme hauptsächlich auf komplexer Mustererkennung basieren, handelt es sich dann wirklich um „Intelligenz"? Technisch gesehen, ja. Künstliche Intelligenz bedeutet einfach, Computersysteme zu entwickeln, die Aufgaben ausführen können, die wir normalerweise mit menschlicher Intelligenz assoziieren, wie beispielsweise Muster erkennen, Sprache verstehen oder Entscheidungen treffen. Maschinelles Lernen, einschließlich der generativen Modelle, die wir gleich untersuchen werden, ist ein Teilbereich dieses Fachgebiets. Einige Menschen argumentieren, dass diese Tools nicht „wirklich intelligent" sind, da sie nicht wie Menschen denken oder verstehen, aber in der Praxis werden sie von der Industrie dennoch als KI klassifiziert.

Warum erscheint KI so neu, obwohl wir sie bereits seit einiger Zeit nutzen? Ein Grund dafür ist, dass sie in die Software integriert ist, die wir täglich verwenden. Sie ist meist unsichtbar.

Und wenn man von ‚künstlicher Intelligenz' hörte, wirkte es wie etwas, das nur Teams aus Datenwissenschaftlern und Ingenieuren bei Fortune-500-Unternehmen entwickeln, trainieren und warten konnten. Unternehmen benötigten Spezialisten, umfangreiche Budgets und Monate (oder sogar Jahre), um etwas auch nur annähernd Funktionsfähiges zu schaffen. Es schien nicht wie ein Werkzeug für den Alltag.

Im November 2022 wurde ChatGPT der Öffentlichkeit vorgestellt, und dies veränderte die Situation. Es war ein KI-Modell, das in eine benutzerfreundliche Anwendung integriert wurde und erstmals für alle zugänglich war. Innerhalb einer Woche registrierten sich eine Million Menschen, nach vier Monaten bereits 100 Millionen. Anfang 2025 gab es Berichten zufolge 400 Millionen Nutzer. ChatGPT war der Auslöser für das Aufkommen der generativen KI.

Bevor wir fortfahren, ist es wichtig, dass Sie verstehen, was generative KI von traditioneller KI unterscheidet. Anstatt nur zu analysieren, was bereits existiert, erschafft sie etwas Neues. Generative KI-Modelle generieren neue Inhalte wie Texte, Kunstwerke, Musik oder sogar Code. Dazu lernen sie die zugrunde liegende Struktur und den Stil riesiger Datensätze.

Traditionelle KI vs. generative KI

Traditionelle KI	Generative KI
Sortiert, filtert und analysiert Daten	Erstellt brandneue Inhalte von Grund auf
Macht Vorhersagen oder Klassifizierungen	Generiert Text, Bilder, Audio, Video oder Code
Funktioniert nur mit vorhandenen Informationen	Kann sich Dinge vorstellen und bauen, die es nie gab
Erfordert technische Fähigkeiten zur Entwicklung	Benutzerfreundlich; jeder kann es mit einfacher Sprache verwenden
Beispiel: E-Mail-Spamfilter	Beispiel: KI schreibt eine neue Marketing-E-Mail

Der Übergang von reiner Analyse-KI zu kreativen Modellen ist der Grund, warum KI in den letzten drei Jahren so stark an Bedeutung gewonnen hat. Viele der Tools sind entweder kostenlos oder kostengünstig. Sie sind einfacher zu nutzen und leichter verfügbar als je zuvor.

Die fünf Kategorien generativer KI-Tools

KI-Tools lassen sich grob in fünf Hauptkategorien einteilen. Wenn Sie diese Kategorien verstehen, können Sie leichter erkennen, welche Art von Tool Sie für eine bestimmte Aufgabe benötigen.

1. Assistenten

Dies sind KI-Tools, die entwickelt wurden, um mit Ihnen zu kommunizieren und Sie bei alltäglichen Aufgaben zu unterstützen. Sie geben eine Frage, eine Anfrage oder eine Idee ein, und der Assistent antwortet. Es spielt keine Rolle, ob Sie nach Antworten suchen, Hilfe beim Schreiben benötigen, Brainstorming betreiben oder einfach nur ein Problem lösen möchten. Beliebte Assistenten wie ChatGPT, Claude

(Anthropic) und Gemini (ehemals Google Bard) können sich den Kontext Ihrer Unterhaltung merken, sodass Sie sich wie mit einem Menschen unterhalten können.

2. Generatoren

Mit diesen Tools lassen sich Inhalte aus dem Nichts erzeugen. Stellen Sie sich vor, Sie brauchen ein Bild für einen Blogbeitrag oder eine Sprachaufnahme für ein kurzes Video.

Tools wie Midjourney, DALL-E und ElevenLabs liefern Ihnen mit einer einzigen Eingabe sofort ein fertiges Ergebnis. Sie brauchen keine Design- oder Audiobearbeitungskenntnisse.

3. Verbesserungstools

Wenn Sie bereits einen Entwurf oder eine grobe Idee haben, unterstützen Sie Verbesserungsprogramme dabei, diese zu optimieren. LanguageTool ist ein klassisches Beispiel für ein KI-gestütztes Textverbesserungstool, besonders geeignet für deutsche Texte. Sie können auch andere KI-Tools verwenden, um ein unscharfes Foto zu schärfen oder die Qualität einer heruntergeladenen Grafik zu verbessern. Es ist, als hätten Sie einen digitalen Editor zur Verfügung.

4. Ersteller

Manchmal ist eine umfangreichere Struktur erforderlich, beispielsweise für eine Website, eine Präsentation oder einen Bericht. Erstellungswerkzeuge bieten Ihnen eine Vorlage und führen Sie durch jeden Schritt, sodass Sie nicht vor einem leeren Bildschirm sitzen bleiben. Sie verbinden ein gewisses Maß an Automatisierung mit kreativer Freiheit.

5. Orchestratoren

Hier beginnt die Effizienz deutlich spürbar zu werden. Orchestratoren wie Make, n8n oder Zapier ermöglichen es Ihnen, alle Ihre Anwendungen und Tools miteinander zu verbinden, sodass diese die Routineaufgaben für Sie übernehmen. Sie können diese verwenden, um mehrere Aufgaben miteinander zu verknüpfen, die von Generatoren oder Assistenten ausgeführt werden, um Prozesse wie das Erstellen von Artikelentwürfen oder das Beantworten von Kundenfragen zu automatisieren. Orchestratoren generieren zwar nicht direkt neue Inhalte wie ChatGPT oder Midjourney, aber in Kombination mit generativen Modellen bilden sie das Fundament KI-gestützter Systeme, die mit minimalem menschlichem Aufwand funktionieren. Die meisten dieser Tools verfügen über eine integrierte KI, mit der Sie beschreiben können, welche Art von Workflow-Prozess Sie automatisieren möchten, und die dann die gesamte mehrstufige Automatisierung für Sie erstellt. Diese Tools werden auch als Workflow-Automatisierungstools oder Low-/No-Code-Automatisierungstools bezeichnet.

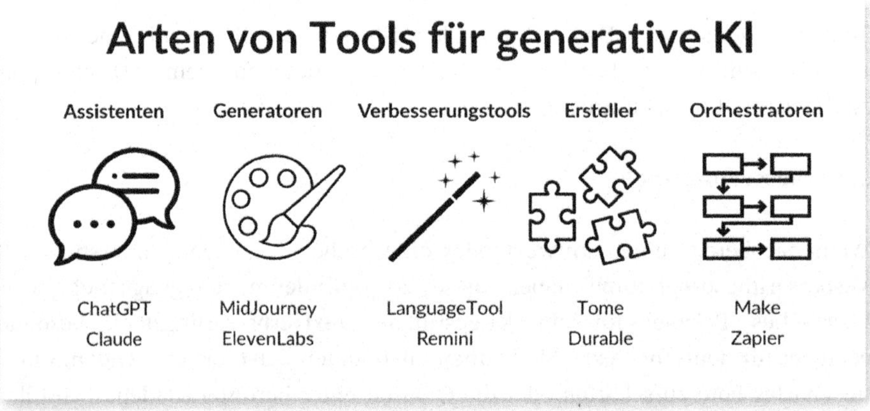

Es ist nicht erforderlich, alle diese Arten von Tools zu beherrschen. Ich nutze in 98 % der Fälle genau vier KI-Tools: ChatGPT zum Schreiben und Brainstorming, LanguageTool zum Bearbeiten und Verbessern von Texten, Canva (mit KI-Funktionen) zum Bearbeiten von Designs wie Buchcovern und Social-Media-Beiträgen und Make für Automatisierungen. Es hat über ein Jahr gedauert, bis ich mich darin eingearbeitet hatte. Alles andere ist zwar interessant, aber nicht unbedingt notwendig. In meinem ersten Jahr habe ich ausschließlich ChatGPT verwendet – das war völlig ausreichend.

Was Sie mit generativer KI erstellen können

Die Bandbreite dessen, was generative KI schaffen kann, erweitert sich alle paar Monate. Hier sind einige Beispiele dafür, was Sie in der nächsten Stunde mit generativer KI erstellen könnten:

- Entwerfen Sie eine Produktbeschreibung oder eine E-Mail für Ihr Unternehmen.

- Verfassen Sie ein Gedicht oder eine Kurzgeschichte zu einem Thema Ihrer Wahl
- Erstellen Sie ein Bild, beispielsweise von Ihrem Hund in einem Kuhkostüm oder ein individuelles Logo
- Erstellen Sie ein Musikstück, das Ihrer Stimmung entspricht
- Erstellen Sie ein Video oder sogar eine realistische Stimme, die Ihre Worte vorliest
- Schreiben Sie einen Computercode, der Ihre Dateien automatisch organisiert

Das sind erst die Anfänge, aber lassen Sie uns einen genaueren Blick auf die wichtigsten Arten von Inhalten werfen, die Sie mit generativer KI erstellen können.

Text

Die Textgenerierung ist der Bereich, in dem die meisten Menschen mit KI beginnen. ChatGPT oder ähnliche Tools sind für viele der Einstieg in die KI. Diese Tools können E-Mails, Berichte, Blogbeiträge und nahezu jeden anderen Text verfassen, den Sie benötigen. Sie können auch bereits verfasste Texte bearbeiten, Grammatikfehler korrigieren oder den Tonfall anpassen.

Wenn Sie sich fragen, wie sich Textgenerierungstools von den oben genannten Assistenten unterscheiden, lautet die Antwort: **gar nicht**. Viele der bekanntesten Textgenerierungstools sind Assistenten. Andere Textgenerierungstools wie LanguageTool sind jedoch Verbesserungsprogramme, da sie beim Bearbeiten von Texten helfen.

Visuelle Elemente

KI erstellt Bilder anhand einfacher Beschreibungen und erstellt Grafiken für soziale Medien innerhalb weniger Minuten. Sie können ganze Marketingkampagnen, Cover in Magazinqualität oder Prototypen für Verpackungskonzepte innerhalb von Stunden statt Wochen erstellen. Mit einem Abo von rund 20 € im Monat können Sie in kurzer Zeit Dutzende von Grafiken für soziale Medien erstellen.

Audio

Mit der Audioproduktion können Sie professionell klingende Voiceovers erstellen und Hintergrundmusik ohne Urheberrechtsprobleme komponieren. Sie können Blog-Archive in vollständige Podcast-Serien umwandeln, ein Buch in ein Hörbuch verwandeln, Voiceovers für TikTok-Anleitungsvideos erstellen und vieles mehr.

Video

Sie können direkt von Ihrem Laptop aus Erklärvideos, Werbespots oder Schulungsclips erstellen. Sie können sogar Videos in verschiedenen Sprachen erstellen oder Effekte hinzufügen, ohne sich in eine neue Software einarbeiten zu müssen.

Code

Auch ohne Programmierkenntnisse können Sie einfache Anwendungen erstellen. Sie müssen weder Python noch JavaScript beherrschen, da die KI den Code für Sie schreibt. Sie müssen lediglich wissen, wie Sie der KI mitteilen, was Sie möchten, und wie Sie testen können, ob der Code die gewünschten Funktionen erfüllt.

Was generative KI leisten kann

Kategorie	Empfohlene Startwerkzeuge
Text	ChatGPT oder Claude
Bilder	Midjourney oder DALL-E
Audio	ElevenLabs
Video	Bildergalerie
Produktivität	Notion AI oder Microsoft Copilot

Ein Großteil dieses Buches konzentriert sich auf Assistenten und Generatoren, die diese verschiedenen Arten von Inhalten erstellen. Einige fortgeschrittene Kategorien, wie beispielsweise Orchestratoren, gehen über das hinaus, was Anfänger in der Regel benötigen, daher werden wir uns nicht ausführlich mit ihnen befassen. Dennoch werden wir einige fortgeschrittene Anwendungen ansprechen, um Ihnen zu zeigen, welche Möglichkeiten sich in Zukunft ergeben könnten.

Sie werden herausfinden, welche Tools für verschiedene Projekte die besten Ergebnisse liefern, und Möglichkeiten entdecken, wie Sie mehrstündige Aufgaben auf wenige Minuten Arbeit verkürzen können. Es geht nicht darum, KI für absolut alles einzusetzen, sondern vielmehr darum, zu erkennen, wo sie einen echten Mehrwert schaffen und Ihnen am meisten Zeit zurückgeben kann.

Es ist auch wichtig zu wissen, wie schnell sich KI-Tools derzeit weiterentwickeln. Die besten KI-Tools für eine bestimmte Aufgabe können heute die besten auf dem Markt sein, werden jedoch möglicherweise morgen durch ein anderes Tool übertroffen, das ein umfangreiches Update veröffentlicht.

KI-Tools werden zudem immer kostengünstiger. Eine KI-Funktion, die heute noch als Premium-Feature gilt, könnte im nächsten Jahr bereits kostenlos sein. Als HeyGen, ein KI-Videotool, erstmals auf den Markt kam, war es noch deutlich teurer und nur mit einem hochpreisigen Abo erhältlich. Heute gibt es den Creator-Tarif zu deutlich günstigeren Konditionen.

Bevor wir uns damit befassen, wie man verschiedene KI-Tools zur Erstellung dieser unterschiedlichen Arten von Inhalten einsetzt, ist es wichtig, zumindest ein grundlegendes Verständnis davon zu haben, wie die KI-Modelle, die diese Inhalte erstellen, im Hintergrund funktionieren.

Wie generative KI funktioniert (und warum sie nicht immer richtig liegt)

Generative KI verfügt über keine echte „Intelligenz". Sie versteht, denkt oder argumentiert nicht wie Menschen. Stattdessen verwendet sie komplexe mathematische Modelle, um vorherzusagen, was als Nächstes kommt – sei es das nächste Wort in einem Satz, die nächste Note in einem Lied oder das nächste Pixel in einem Bild.

Die häufigste Art der generativen KI, die Sie kennenlernen werden, wird als Large Language Model (großes Sprachmodell) oder kurz LLM bezeichnet. ChatGPT ist ein bekanntes Beispiel dafür. LLMs werden mit riesigen Mengen an Text aus

Büchern, Artikeln und Websites trainiert und lernen dabei Sprachmuster, sodass sie neue Inhalte generieren können, die natürlich klingen.

Diese Vorhersagen basieren vollständig auf Mustern, die während des Trainings aus umfangreichen Datensätzen gelernt wurden. Im Bereich Text untersucht die KI Millionen von Büchern, Artikeln und Gesprächen, um zu erlernen, wie Menschen schreiben und kommunizieren. Im Bereich Musik analysiert sie die Noten und Rhythmen unzähliger Lieder, um zu verstehen, wie Melodien fließen.

Die Vorhersagekraft von LLMs und die Tatsache, dass sie über keine tatsächliche Intelligenz verfügen, kann dazu führen, dass sie Ihnen mitunter sehr falsche Antworten geben, die als Halluzinationen bezeichnet werden. Obwohl LLMs mittlerweile so ausgereift sind, dass sie Ihnen wahrscheinlich nicht mehr mitteilen werden, dass die Hauptstadt der USA Texas ist, kann es dennoch vorkommen, dass Sie auf Folgendes stoßen:

- **Gefälschte Zitate:** Die KI generiert einen Zeitschriftenartikel, ein Buch oder eine Website als Quelle, die nicht existiert, präsentiert diese jedoch als echt.
- **Falsche Statistiken oder Daten:** Sie erhalten eine plausibel klingende Zahl oder ein Datum (z. B. „Im Jahr 2022 wechselte der durchschnittliche US-Arbeitnehmer 5,3 Mal den Arbeitsplatz"), die bzw. das nicht durch reale Daten gestützt wird.
- **Erfundene Rechtsfälle oder Vorschriften:** Die KI könnte auf einen Gerichtsfall, ein Gesetz oder eine Rechtsvorschrift verweisen, die echt klingen, aber nie stattgefunden haben.
- **Nicht existierende historische Ereignisse:** Es wird ein politischer Gipfel, eine Erfindung oder ein Ereignis beschrieben, das tatsächlich nie stattgefunden hat.
- **Falsch zugeschriebene Zitate:** Es wird ein Zitat einer falschen Person zugeschrieben oder ein Zitat vollständig erfunden.
- **Selbstbewusste, aber falsche technische Ratschläge:** Beispielsweise wird Ihnen ein Code-Schnipsel gegeben, der richtig aussieht, aber eine Funktion verwendet, die nicht existiert oder veraltet ist, oder ein wissenschaftliches Konzept wird falsch erklärt.
- **Ungenaue Zusammenfassungen:** Wenn das Programm gebeten wird, ein Buch, eine Arbeit oder einen Artikel zusammenzufassen, kann es vorkommen, dass Details eingefügt werden, die im Original nicht enthalten waren, oder dass oder sich die Bedeutung verschiebt.

- **Fiktive Personen, Produkte oder Unternehmen:** Wenn Sie nach Empfehlungen oder Vergleichen fragen, könnte die KI Ihnen von einer Software, einem Unternehmen oder einer App berichten, die nicht real sind. Haben Sie jemals einen Blogbeitrag oder ein Buch gelesen, in dem Anna, die Lehrerin aus Berlin, erwähnt wurde? Sie ist wahrscheinlich KI-generiert und unterrichtet nebenbei auch noch Yoga, schreibt einen Blog über gesunde Ernährung, bietet Nachhilfe in Mathematik an, verkauft ihre eigenen Strickmuster auf Etsy und plant gerade ein Start-up. Anna taucht gefühlt in jedem zweiten fiktiven Beispiel auf, das ChatGPT erstellt.

Sie sollten Fakten, insbesondere Daten, Statistiken und technische Details, stets doppelt überprüfen. Nachdem Sie nun ein grundlegendes Verständnis davon haben, was generative KI ist und wie sie funktioniert, sind Sie wahrscheinlich neugierig, welche Arten von Tools Sie tatsächlich verwenden werden.

All das wirkt anfangs vielleicht ziemlich überwältigend. Wenn Sie sich also noch nicht alle verschiedenen Arten von Tools und deren Anwendungsmöglichkeiten gemerkt haben, machen Sie sich keine Sorgen. In den folgenden Kapiteln werden Sie all dies auf eine viel umfassendere Weise erlernen, bis es zu praktischem Wissen wird, das Sie in Ihren täglichen Arbeitsabläufen im Beruf wie auch im Privatleben anwenden können.

Wie bereits erwähnt, beginnen die meisten Menschen ihre Reise in die Welt der KI mit textbasierten Assistenten, weil diese wie ein Gespräch funktionieren. Diese Tools nennt man auch konversationelle KI – damit beschäftigen wir uns als Nächstes.

2

Erste Schritte: Konversationelle KI-Tools

KONVERSATIONELLE KI-TOOLS wie ChatGPT und Claude funktionieren über einfache Text-Chats. Sie geben etwas ein, und das Tool antwortet mit Text. Diese Tools können ganze Blogbeiträge verfassen, Tabellen analysieren, Marketingstrategien erstellen, Code debuggen und detaillierte Projektpläne auf Grundlage von ein paar Sätzen von Ihnen erstellen. Die meisten dieser Tools funktionieren sowohl auf Ihrem Computer als auch auf Ihrem Smartphone. Viele bieten zusätzlich mobile Apps an.

Ich nutze ChatGPT für etwa 90 % meiner geschäftlichen Aktivitäten. Dazu gehören das Verfassen von E-Mails, die Analyse von Daten, die Entwicklung kreativer Ideen, die Erstellung von 30-Tage-Geschäftssprints sowie das Schreiben und Bearbeiten von Texten. Konversationelle KI kann zur zentralen Schnittstelle werden, die Ihre täglichen Arbeitsabläufe miteinander verbindet.

Übersicht über die besten dialogorientierten KI-Tools

Die Art der Aufgaben, die Sie mit konversationeller KI erledigen möchten, kann ausschlaggebend dafür sein, welches Tool Sie am häufigsten verwenden werden. Verschiedene Tools eignen sich besser für unterschiedliche Aufgaben. Sie müssen keine Zeit damit verschwenden, jede einzelne Option zu testen; Sie können mit einem Tool beginnen und später jederzeit ein anderes ausprobieren. Hier ist meine Übersicht der besten Optionen.

ChatGPT (OpenAI)

ChatGPT ist mein Arbeitspferd und meine erste Wahl für nahezu alle Aufgaben. Wenn Sie von der Vielzahl an Optionen überwältigt sind, beginnen Sie einfach hier. Im Gegensatz zu vielen anderen Apps, die Sie ständig zu einem Upgrade auffordern, ist es auch in der kostenlosen Version wirklich nützlich. Ich nutze es für alles, vom Verfassen von E-Mails und Brainstorming für Inhaltsideen bis hin zum Schreiben von Entwürfen, Analysieren von Daten und sogar für meine Wochenplanung.

Wann Sie es einsetzen sollten:

- Wenn Sie ein flexibles, vielseitiges Tool zum Schreiben, Recherchieren oder für schnelle Hilfe bei geschäftlichen oder kreativen Projekten benötigen
- Wenn Sie ein intuitives und einfach zu bedienendes Tool suchen
- Zur Automatisierung von Routineaufgaben, die Sie bereits regelmäßig ausführen

Mit dem Upgrade auf Plus erhalten Sie erweiterte Modelle, höhere Nutzungslimits und Echtzeitinformationen. Ich nutze es täglich für eine Vielzahl von Aufgaben.

Claude (Anthropic)

Claude ist eine ausgezeichnete Wahl, wenn Sie Bücher, Blogs oder andere lange Texte verfassen. Meiner Meinung nach ist es ChatGPT überlegen, wenn es darum geht, in einem bestimmten Ton zu schreiben, der menschlicher und natürlicher klingt. Es kann auch mehrere tausend Wörter Text auf einmal mit hoher Präzision bearbeiten und formatieren. Ich habe eine Stunde lang frustriert mit ChatGPT gearbeitet, weil es lange Dokumente nicht genau formatieren kann, während Claude dies mit einer einzigen Prompt problemlos erledigt. Allein das hat mein Leben erheblich vereinfacht.

Claude kann auch umfangreiche Dokumente besser verarbeiten als andere und ist besonders gut in der detaillierten Analyse. Wenn Sie mit umfangreichen Dokumenten arbeiten oder komplexe Themen sorgfältig durchdenken müssen, ist Claude eine ausgezeichnete Wahl.

Gemini (Google)

Gemini ist die richtige Wahl für Sie, wenn Sie die neuesten Informationen wünschen oder sich intensiv mit der Welt von Google beschäftigen. Die Suchfunktionen sind zuverlässig. Die Google-Suche ist direkt integriert, sodass Sie aktuelle Fakten und Nachrichten erhalten. Die Integration mit Google Docs, Sheets und Gmail ist nahtlos; markieren Sie Text und bitten Sie direkt an der Stelle, an der Sie arbeiten, um Hilfe.

Wann Sie es einsetzen sollten:

- Wenn Sie Ihren Arbeitstag in Google Workspace verbringen
- Wenn Sie schnelle, aktuelle Recherchen oder Faktenprüfungen durchführen möchten
- Sie haben genug vom ständigen Wechseln zwischen verschiedenen Tabs, nur um eine Frage zu stellen.

Perplexity

Perplexity ist das Tool, das ich nutze, wenn ich zuverlässige Quellenangaben und Fakten benötige, nicht nur eine Antwort, die überzeugend klingt. Es ist weniger ein Chatbot als ein KI-gestützter Forschungsassistent. Ich verwende es für Sachtexte und alles, was Quellen erfordert, auf die ich tatsächlich klicken kann.

Wann Sie es einsetzen sollten:

- Für rechercheintensive Arbeiten, die seriöse Quellen erfordern
- Zusammenfassung komplexer Themen mit zuverlässigen Links
- Wenn der Verweis aufs Internet als Quelle nicht ausreicht

Grok (Twitter/X)

Grok ist ein einzigartiges Tool, das auf Social-Media-Einblicke und Trendinhalte spezialisiert ist. Grok ist in X (ehemals Twitter) integriert und verfügt über etwas, das andere Tools nicht bieten: Echtzeit-Zugriff auf die aktuellen Gesprächsthemen. Es versteht soziale Medien mit einer bemerkenswerten Selbstverständlichkeit. Wenn Sie Inhalte erstellen möchten, die für soziale Plattformen geeignet sind, ist Grok die ideale Lösung. Die anderen Tools können Ihnen dabei helfen, über Trendthemen zu schreiben, aber Grok unterstützt Sie dabei, Inhalte zu verfassen, die wirklich mitschwingen.

Wann Sie es einsetzen sollten:

- Sie möchten aktuelle Trendthemen oder virale Memes sofort nutzen, wenn sie entstehen.
- Sie brauchen Inspiration oder Formulierungen, die auf sozialen Plattformen funktionieren.
- Sie sind im Marketing, in der PR oder in der Content-Erstellung tätig und benötigen den Puls des Internets

Grok ist gelegentlich auch umstritten, weil es voreingenommene oder extreme Antworten generiert. Da es mit Echtzeit-Inhalten aus sozialen Medien trainiert wurde, spiegelt es gelegentlich ungefilterte Meinungen oder Fehlinformationen wider. Dies ist besonders besorgniserregend, da LLMs, wie wir uns erinnern, vorausschauende Antworten anhand ihrer Trainingsdaten generieren, was darauf hindeutet, dass die Trainingsdaten von Grok Inhalte aus unmoderierten Internetforen, Social-Media-Beiträgen oder anderen Quellen enthielten, die kaum auf Fehlinformationen, Hassreden oder politischen Extremismus gefiltert wurden. Wenn die zugrunde liegenden Daten so problematisch sind, kann die KI am Ende schädliche Ideen wiederholen oder verstärken, auch wenn dies nicht die Absicht der Entwickler war.

Sollten Sie in Ihrem Land keinen Zugriff haben, probieren Sie einfach ein anderes Tool aus der Liste. Sie verfügen alle über ähnliche Kernfunktionen.

Einsteigerfreundliche Tools für dialogorientierte KI

Tool	Am besten für	Hauptmerkmal
ChatGPT	Allgemeines Schreiben, kreative Aufgaben, APIs	Flexibel, vielseitig, viele Plugin-Optionen
Claude	Langform, Dokument Analyse/Bearbeitung	Verarbeitet große Dateien, differenzierte Antworten
Gemini	Recherche, aktuelle Fakten, Google-Nutzung	Integriert mit Google Workspace, Echtzeit
Perplexity	Recherche, zitierte/verifizierte Antworten	Automatische Quellenangabe
Grok	Soziale Medien, trendbasierte Inhalte	X (Twitter)-Integration, soziale Einblicke

So wählen Sie das beste KI-Tool für Ihre Anforderungen aus

Nachdem Sie nun wissen, was jedes Tool am besten kann, ist der nächste Schritt die Auswahl. Ich stelle mir drei Fragen, die mir dabei helfen, die richtige Entscheidung zu treffen:

1. Wofür möchten Sie das Tool hauptsächlich einsetzen?

Betrachten Sie noch einmal die Beschreibungen der Tools. Welches davon scheint die Probleme zu lösen, mit denen Sie am häufigsten konfrontiert sind? Wenn Sie sich nicht sicher sind, entscheiden Sie sich einfach für ChatGPT. Damit habe ich auch angefangen, bis ich mich eingearbeitet hatte.

2. Wie wichtig sind Echtzeitinformationen?

Wenn Sie unbedingt aktuelle Informationen benötigen, um beispielsweise die Nachrichten des Tages zu lesen oder die neuesten Produktbewertungen zu finden, entscheiden Sie sich für Perplexity oder Gemini. Diese Tools sind ständig mit aktuellen Quellen verbunden.

ChatGPT Plus oder Claude bieten einen guten Mittelweg, wenn aktuelle Informationen hilfreich, aber nicht zwingend erforderlich sind. ChatGPT kann auf das Internet zugreifen, um Informationen zu überprüfen und Aktualisierungen zu aktuellen Ereignissen abzurufen, während Claude dies derzeit nicht kann.

Wenn Ihre Arbeit jedoch nicht von aktuellen Informationen abhängt, wie beispielsweise bei kreativen Schreibprojekten oder historischen Analysen, können Sie jedes beliebige Tool auswählen, das Ihnen aufgrund anderer Faktoren wichtig ist.

3. Was möchten Sie damit tun?

Überlegen Sie, wo dieses Tool in Ihrem Arbeitsalltag eingesetzt werden soll. Wenn Sie Google Workspace nutzen, ist Gemini die sinnvollste Wahl. Es funktioniert direkt in Ihren Google-Tools, ohne dass Sie zwischen Registerkarten wechseln müssen. Sie markieren Text in einem Dokument, bitten um Hilfe und arbeiten weiter.

Wählen Sie ChatGPT, wenn Flexibilität wichtig ist. Es bietet mehrere Integrationen von Drittanbietern, darunter Google Drive, Outlook, Canva, HubSpot und SharePoint. Es ist mit jeder von Ihnen verwendeten Technologie kompatibel. Die meisten Entwickler entscheiden sich aus diesem Grund dafür, da sie es mit GitHub (wo sie ihren Code speichern) verbinden können.

Für forschungsintensive Arbeiten zitiert Perplexity jede Behauptung und verlinkt jede Tatsache mit der Quelle. Es wird zu einem Teil Ihrer Arbeitsüberprüfung.

Grok ist mit sozialen Medien bestens vertraut. Da es Teil von X (Twitter) ist, versteht es, was auf sozialen Plattformen funktioniert: das richtige Timing, den richtigen Ton und die Trends, die das Engagement fördern.

Profi-Tipp: Wenn Sie dies als Unternehmer, Manager oder als Person lesen, die die Nutzung im Team plant, bieten sowohl ChatGPT als auch Claude „Team"- oder „Enterprise"-Tarife an.

Diese bieten zusätzliche Privatsphäre, Sicherheit, Verwaltungskontrollen, erweiterte Nutzungsmöglichkeiten und Funktionen für die Zusammenarbeit, mit denen Sie die Nutzung von KI in Ihrem Unternehmen verwalten können. Wenn

Ihr Unternehmen Microsoft 365 verwendet, sollten Sie sich **Copilot** ansehen, das die konversationelle KI direkt in Word, Excel, Outlook und Teams integriert.

Vorbereitung auf das Prompting

Wenn Sie sich intensiver mit generativer KI beschäftigen, werden Sie mit verschiedenen dialogorientierten KI-Tools experimentieren und herausfinden, welche Ihnen für unterschiedliche Aufgaben am besten geeignet sind. Wie Sie in diesem Kapitel gelernt haben, hat jedes Modell seine Stärken und Schwächen. Ich verwende mittlerweile häufig mehrere Tools und Modelle im selben Schreib-Workflow.

Wählen Sie zunächst ein Tool aus, mit dem Sie beginnen möchten, und melden Sie sich für den kostenlosen Tarif an (es sei denn, Sie möchten gleich zu Beginn ein Upgrade vornehmen). Machen Sie es sich nicht zu kompliziert. Der Schlüssel zu Ihrem Erfolg mit dialogorientierter und generativer KI liegt weniger in der Wahl des Tools als vielmehr in *der Art und Weise, wie Sie mit diesem Tool kommunizieren.* Unabhängig davon, welches Tool Sie verwenden, beginnt alles damit, wie Sie Ihre Fragen formulieren. Die erste Nachricht, die Sie senden, der sogenannte **Prompt,** teilt der KI mit, was sie tun soll. Prompts sind die Brücke zwischen Ihren Vorstellungen und den gewünschten Ergebnissen.

Prompt Engineering, also die Kunst, klare Anweisungen für KI-Tools zu formulieren, ist eine grundlegende Fähigkeit, die länger Bestand haben wird als jedes kurzlebige Tool oder jede neue App. Wenn Sie nicht wissen, wie Sie klare Anweisungen geben, kann selbst das beste KI-Tool nur schwache oder verwirrende Ergebnisse liefern. Aus diesem Grund werden wir im nächsten Kapitel diese Kernkompetenz aufbauen und sie dann in allen folgenden Kapiteln weiterentwickeln.

3

Prompt Engineering: Die Grundlage für bessere KI-Ergebnisse

MEINE ERSTEN MONATE mit ChatGPT waren eine Herausforderung. Ich habe wiederholt Anweisungen wie „verbessere das" eingegeben, während ich versuchte, Inhalte zu bearbeiten, und war sehr verärgert, wenn das Ergebnis schlechter war als die Eingabe. Erst als ich tatsächlich Kurse belegte und sah, wie andere Autoren vorgehen, um hervorragende erste Entwürfe ihrer Inhalte zu erstellen, wurde mir klar, dass meine unzureichenden Eingaben zu unzureichenden Ergebnissen führten.

Ein schwacher Prompt liefert Ihnen etwas allgemein Gehaltenes und wenig Brauchbares. Ein guter Prompt dagegen führt zu einem brauchbaren Ergebnis, das Sie verwenden können, manchmal mit minimalen Änderungen. Nicht perfekt, aber nützlich genug, um bei den eigentlichen Arbeitsschritten Zeit zu sparen. Wenn Ihnen die Qualität der E-Mail, die Sie versenden, oder des Social-Media-Beitrags, den Sie erstellen, wirklich wichtig ist, erfordert ein schlechter Prompt viel Bearbeitungsaufwand, und die Verwendung von KI spart Ihnen am Ende nicht viel Zeit.

Viele Nutzer generativer KI stehen vor diesem Dilemma, da sie nie gelernt haben, gute Prompts zu verfassen. Das wird Ihnen nicht passieren.

In diesem Kapitel werden wir uns damit befassen, was Prompts tatsächlich erfolgreich macht. Sie werden sehen, wie schon kleine Änderungen in der Formulierung Ihre Ergebnisse deutlich verbessern können, und Sie erhalten

Vorlagen, die Sie an verschiedene Situationen anpassen können. Sie werden eine klare, sinnvolle Methode zum Verfassen erfolgreicher Prompts erlernen.

Seien Sie geduldig mit sich selbst – Sie lernen gerade eine neue Fähigkeit. Und um in etwas gut zu werden, braucht es Zeit. Nach der Bearbeitung von 20 bis 30 Prompts erkennen die meisten Menschen allmählich, welche Details die KI benötigt, um das gewünschte Ergebnis zu erzielen.

Wenn Sie frustriert sind oder Schwierigkeiten haben, denken Sie daran: Jede Anstrengung, die Sie jetzt in das Lernen investieren, wird sich immer wieder auszahlen. Prompt Engineering ist eine Fähigkeit, die dauerhaft relevant bleibt und Ihre Effektivität vervielfacht – ganz gleich, welches generative KI-Tool Sie nutzen oder wie schnell sich die Tools weiterentwickeln.

Bald wird das Verfassen von Prompts so alltäglich sein wie das Versenden einer SMS oder die Online-Suche. In gewisser Weise wird das Prompten zur neuen Form der Google-Suche. Es ist das Tor zur generativen KI und wird bald eine unverzichtbare Fähigkeit sein, um sich in fast allen Bereichen des modernen Lebens zurechtzufinden.

Vier Komponenten, die Prompts funktionieren lassen

Um konsistente Ergebnisse von KI zu erhalten, ist es entscheidend, die richtigen Informationen in Ihre Prompts aufzunehmen. Hier sind die vier Komponenten, die ich fast jedes Mal verwende:

1. Kontext
2. Klare Anweisungen
3. Format und Stil
4. Einschränkungen und Parameter

1. Kontext

Die Hintergrundinformationen, die Sie angeben, sind wichtig, weil KI weder Ihre Gedanken lesen noch Ihre spezifische Situation kennen kann. Sehen Sie sich diese beiden Prompts an:

- *Wie kann ich mein Geschäft verbessern?*
- *Ich betreibe einen kleinen Online-Buchladen mit drei Mitarbeitern, und unsere Kundenbindung ist im letzten Quartal um 15 % zurückgegangen. Wie*

kann ich mein Geschäft verbessern?

Der erste Prompt liefert Ihnen langatmige, allgemein gehaltene Ratschläge. Die zweite Version funktioniert besser, da sie der KI spezifischere Informationen liefert. Wichtig sind die Details: Je spezifischer die Eingabe, desto präziser auch das Ergebnis. Dieser Prompt kann jedoch noch weiter optimiert werden.

2. Klare Anweisungen

Ich habe erst durch die Arbeit mit ChatGPT gemerkt, wie schlecht ich eigentlich darin war, Fragen zu stellen und klare Anweisungen zu geben. Ich dachte, meine Fragen seien präzise formuliert – aber die Antworten waren meist sehr allgemein, oberflächlich und passten kaum zu meiner Situation.

Klare Anweisungen sagen der KI, welche Aufgabe sie ausführen und welche Art von Antwort sie liefern soll. Dabei geht es nicht um zusätzliche Hintergrundinformationen, sondern um Richtung. Denken Sie in Verben: erklären, analysieren, brainstormen, zusammenfassen, vergleichen, umschreiben, gliedern, bewerten oder erstellen.

Wenn Sie schreiben *„Wie kann ich mein Unternehmen verbessern?“*, stellen Sie zwar eine Frage, geben der KI aber keine konkrete Aufgabe. Soll sie als Berater agieren und einen Plan entwerfen? Soll sie Ideen auflisten? Oder Beispiele finden? Diese Entscheidung treffen Sie über Ihre Anweisung. Wenn Ihre Instruktionen zu vage sind, füllt die KI die Lücken mit allgemeinen Standardantworten.

Bauen wir auf dem vorherigen Beispiel auf:

> *Ich betreibe einen kleinen Online-Buchladen mit drei Mitarbeitenden, und unsere Kundenbindung ist im letzten Quartal um 15 % gesunken.* ***Handle als Business-Coach und gib mir einen dreistufigen Aktionsplan, um die Kundenbindung zu verbessern.***

Merken Sie den Unterschied? Der Kontext sagt der KI, womit sie es zu tun hat. Die Anweisung sagt ihr, was sie tun soll. Zusammen schaffen sie Fokus – und genau das macht einen guten Prompt aus.

Sie werden feststellen, dass die Grenze zwischen Kontext und Anweisung leicht verschwimmt. Beide beeinflussen sich gegenseitig. Klare Anweisungen erfordern oft zusätzlichen Kontext. Vielleicht möchten Sie also mehr

Hintergrundinformationen über Ihr Unternehmen in den Prompt aufnehmen, um das Ergebnis weiter zu verbessern. Je klarer Ihre Angaben sind, desto fokussierter und hilfreicher wird die Antwort des Modells.

3. Formatierungs- und Stilhinweise hinzufügen

vermeiden Sie spätere Überarbeitungen. Wenn Sie einen Sie sich später, sich durch eine Textwand zu lesen, wenn Sie eigentlich nur etwas Übersichtliches wollten. Wenn Sie Inhalte erstellen, vermeiden Sie außerdem, dass Sie später alles neu schreiben müssen.

Wenn Sie eine Liste wünschen, fordern Sie ausdrücklich eine Aufzählung an. Wenn Sie einen LinkedIn-Post brauchen, sagen Sie das. Geben Sie an, wenn der Text gesprächig klingen, drei Tipps enthalten und unter 300 Wörter lang sein soll.

Andernfalls erhalten Sie womöglich einen formellen Aufsatz, obwohl Sie eigentlich etwas Kurzes und leicht Lesbares wollten.

Um unseren Beispiel-Prompt zu verbessern:

> Um unseren Beispiel-Prompt zu verbessern:
> *Ich betreibe einen kleinen Online-Buchladen mit drei Mitarbeitenden, und unsere Kundenbindung ist im letzten Quartal um 15 % gesunken. Handle als Business-Coach und gib mir einen dreistufigen Aktionsplan, um die Kundenbindung zu verbessern.* ***Bitte formatiere die Antwort als einfache Aufzählung, damit sie leicht zu lesen ist.***

4. Einschränkungen und Parameter

Dieser Teil Ihres Prompts funktioniert wie Leitplanken. Vielleicht brauchen Sie genau 280 Zeichen. Oder Ihr Publikum kennt keine Fachbegriffe. Vielleicht schreiben Sie für ein internationales Publikum und benötigen einfaches Deutsch.

Listen Sie die Grenzen auf, zum Beispiel Wortanzahl, Lesestufe, Plattformanforderungen oder bestimmte Informationen, die Sie ein- oder ausschließen möchten. Gleiches gilt für die Sprache („auf Spanisch schreiben") oder die Komplexität („verständlich für Nicht-Expert:innen").

Unser Beispiel mit hinzugefügten Einschränkungen:

Ich betreibe einen kleinen Online-Buchladen mit drei Mitarbeitenden, und unsere Kundenbindung ist im letzten Quartal um 15 % gesunken. Handle als Business-Coach und gib mir einen dreistufigen Aktionsplan, um die Kundenbindung zu verbessern. Bitte formatiere die Antwort als einfache Aufzählung, damit sie leicht zu lesen ist. **Vermeide allgemeine Ratschläge wie „Kundendienst verbessern“ oder „Social Media nutzen“. Konzentriere dich auf Maßnahmen mit hoher Wirkung, die kein großes Team oder Budget erfordern, sondern mit wenig Aufwand sichtbare Ergebnisse bringen. Halte die Antwort kurz und konkret, damit ich die Ideen sofort umsetzen kann.**

Schritte zur Erstellung effektiver Prompts

Prompt-Schritt	Beispiel
Beginnen Sie mit einer einfachen Anweisung	‚Schreibe einen Beitrag über Produktivität“
Fügen Sie Kontext oder eine Zielgruppe hinzu	‚Schreibe einen Beitrag über Produktivität für überforderte Kleinunternehmer"
Fügen Sie ein Format oder eine Struktur hinzu	„Schreibe einen 3-Punkte-Leitfaden zur Produktivität für Kleinunternehmer"
Klären Sie Ton oder Stil	„...in einem sachlichen, unkomplizierten Stil"
Fügen Sie Einschränkungen oder Vorgaben hinzu	„...fokussiert auf kostengünstige Lösungen, die keine neue Software erfordern"

Im Zweifelsfall verwenden Sie einfach alle vier Elemente. Je spezifischer und klarer Ihre Prompts sind, desto besser wird die Antwort der KI sein.

Beispiele für Anweisungen aus der Praxis

Schauen wir uns noch ein paar weitere Beispiele an.

Beispiel 1:

Original: *Verfassen Sie einen Blogbeitrag über Produktivität.*

Verbessert: *Verfassen Sie einen 500 Wörter langen Blogbeitrag in einem lockeren Ton für Solopreneure über die Verwendung von Zeitblöcken, um bei der Arbeit von zu Hause aus konzentriert zu bleiben.*

Die erste Version lässt Ihr KI-Tool raten, welche Länge, welches Publikum und welchen Produktivitätsansatz es wählen soll.

Die überarbeitete Version fügt Kontext hinzu (Solopreneure und Arbeit im Homeoffice), klare Anweisungen mit einer Längenbegrenzung (schreibe einen 500-Wörter-Blogbeitrag) und Stilhinweise (lockerer Ton).

Das Ergebnis ist präzise und zielgerichtet statt allgemein und beliebig.

Beispiel 2:

> **Original:** *Erstelle einen Trainingsplan.*
>
> **Verbessert:** *Erstelle einen Krafttrainingsplan für vier Tage pro Woche für einen Anfänger, der zu Hause mit Kurzhanteln Muskeln aufbauen möchte. Jede Einheit sollte höchstens 45 Minuten dauern. Füge einen einfachen Ernährungsplan hinzu, der den Muskelaufbau unterstützt. Kein Fisch oder Meeresfrüchte.*

Diese Version fügt Kontext hinzu (Anfänger trainiert zu Hause mit Kurzhanteln), klare Anweisungen (erstelle ein viertägiges Kraftprogramm), Format (Wochenplan) und Einschränkungen (45-Minuten-Einheiten und Ernährungsplan ohne Meeresfrüchte).

Das Ergebnis ist eine detaillierte, umsetzbare Anleitung statt einer allgemeinen Trainingsliste.

Beispiel 3:

> **Original:** *Kannst du mir helfen, ein YouTube-Video über die Nutzung von ChatGPT zu machen?*
>
> **Verbessert:** *Erstelle ein Skript für ein dreiminütiges YouTube-Video für Einsteiger, das erklärt, wie man ChatGPT nutzt, um E-Mails schneller zu schreiben. Verwende einen positiven, motivierenden Ton und füge drei praktische Beispiele hinzu, die Zuschauer sofort ausprobieren können.*

Die verbesserte Version fügt Kontext hinzu (Einsteiger:innen lernen, ChatGPT zum Schreiben von E-Mails zu verwenden), klare Anweisungen (erstelle ein dreiminütiges Skript), Format und Stil (YouTube-Video, positiver Ton) sowie Einschränkungen (drei Beispiele, kurze Laufzeit).

Damit erhält die KI alle Informationen, die sie braucht, um etwas Nützliches, Strukturiertes und Aufnahmereifes zu erstellen.

Sicherheitsüberprüfung: Wenn Sie mit KI-Textgeneratoren arbeiten, fügen Sie bitte keine Informationen ein, die Sie nicht möchten, dass sie morgen im Internet erscheinen.

Das bedeutet, keine persönlichen Daten wie Ihre Adresse, Telefonnummer oder Finanzdaten und keine Kunden- oder Kundendaten. Sobald Sie die Eingabetaste drücken, haben Sie keine volle Kontrolle mehr darüber, wo diese Daten am Ende landen. Behandeln Sie KI-Tools daher wie einen öffentlichen Platz. ChatGPT gibt beispielsweise an, dass es keine Konversationen aus kostenpflichtigen Konten zum Trainieren seiner Modelle verwendet, aber es ist nicht dafür ausgelegt, die Datenschutzanforderungen der HIPAA zu erfüllen. Überprüfen Sie immer die Daten- und Datenschutzrichtlinien eines Tools, bevor Sie mit der Erstellung beginnen.

Vorlagen, die Sie verwenden können

Aufgaben wie das Erstellen von E-Mail-Newslettern, Social-Media-Beiträgen und Kundendienstantworten lassen sich besonders gut mit wiederverwendbaren Vorlagen erstellen, was zusätzlich für mehr Konsistenz sorgt. Kreatives Schreiben und strategische Planung profitieren jedoch oft von offeneren Vorlagen, die Raum für Nuancen, Variationen und Ihre kreativen Ideen lassen.

Allgemeine Vorlage

*Verhalten Sie sich wie [**Rolle/Kontext**]. Verfassen Sie ein [**Format**] über [**Thema**] für [**Publikum**] in einem [**Ton/Stil**]. [**Einschränkungen/Parameter**]*

Beispiel: *Nehmen Sie die Rolle des Inhabers einer kleinen Buchhandlung in Ihrer Nachbarschaft ein. Verfassen Sie eine E-Mail-Ankündigung über ein neues Treueprogramm für unsere bestehenden Buchhandlungskunden in einem freundlichen, ermutigenden Ton. Beschränken Sie sich auf maximal*

120 Wörter, erwähnen Sie einen wesentlichen Vorteil und vermeiden Sie die Verwendung von technischen Marketingbegriffen.

Vorlage zur Ideenfindung

*Bitte geben Sie mir **[X Anzahl]** Ideen für **[Ziel oder Situation]**.*

Dies generiert verschiedene Optionen für jedes beliebige Szenario.

Beispiel: *Bitte geben Sie mir sieben Ideen für spannende virtuelle Teambuilding-Aktivitäten für Remote-Teams.*

Vorlage für Zusammenfassungen

*Fassen Sie diesen Text in **[Format]** für **[Zielgruppe]** zusammen.*

Beispiel: *Fassen Sie diese Forschungsarbeit in 3 Absätzen so zusammen, dass sie für jeden leicht verständlich ist.*

Vorlage zum Umschreiben

*Bitte formulieren Sie dies um, damit es **[professioneller/überzeugender/lockerer]** klingt.*

Beispiel: *Bitte überarbeiten Sie diese E-Mail, damit sie professioneller und prägnanter klingt.*

Vorlage für die Umwandlung von Inhalten

*Verwandeln Sie dies in eine **[Checkliste/einen Blogbeitrag/eine Social-Media-Post]**, die wie **[Marke/Persönlichkeit/Tonfall]** klingt.*

Beispiel: *Bitte formulieren Sie diese Produktbeschreibung in eine Instagram-Bildunterschrift um, die zu unserer Marke passt: freundlich, hilfreich und mit einem Hauch von Humor.*

In einigen der oben genannten Beispiele werden Sie feststellen, dass nicht in jedem Fall alle vier Elemente notwendig sind. Wenn wir lediglich Forschungsergebnisse oder einen Artikel zusammenfassen, ist es nicht erforderlich, einen Kontext anzugeben. Beim Umschreiben einer E-Mail können Sie einen Kontext angeben, dies ist jedoch optional. Außerdem müssen Sie für diese Art von Aufgaben keine Einschränkungen vorgeben.

Profi-Tipp: Ich speichere meine effektivsten Prompts in einem Dokument, das während meiner Arbeit geöffnet ist. Jedes Mal, wenn ich eine besonders gut funktionierende Variante finde, füge ich sie der Sammlung hinzu oder ersetze eine ältere Version.

Da jedes KI-Tool dieselben Anweisungen unterschiedlich verarbeitet, entwickeln Sie mit der Zeit ein Gespür dafür, welche Anpassungen die besten Ergebnisse erzielen.

Probieren Sie es selbst aus: Üben Sie mit Prompts

Nehmen Sie die folgenden drei vagen Prompts und versuchen Sie, sie mithilfe der gerade erlernten Strategien zum Verfassen von Prompts zu verbessern.

Prompt 1: *Helfen Sie mir, einen Lebenslauf zu schreiben.*
Prompt 2: *Schreiben Sie über gesunde Ernährung.*
Prompt 3: *Erstellen Sie eine Liste mit Geschäftsideen.*

Verbessert:

Prompt 1: *Ich bewerbe mich für eine Stelle im Kundenservice im Homeoffice* *und benötige einen einseitigen Lebenslauf. Können Sie mir bei der Erstellung behilflich sein? Ich möchte, dass meine Kommunikations- und Problemlösungsfähigkeiten hervorgehoben werden, und der Lebenslauf sollte freundlich und selbstbewusst klingen. Er sollte nicht steif oder übermäßig formell sein. Das Format sollte eine Aufzählung mit Aufzählungszeichen sein.*

Prompt 2: *Ich veröffentliche auf Instagram drei kurze Tipps für eine gesunde Ernährung für vielbeschäftigte Mütter. Der Ton sollte locker und praktisch sein.* Ich *möchte nicht, dass es belehrend oder schuldbewusst klingt. Können Sie* eine *Bildunterschrift mit weniger als 100 Wörtern verfassen?*

Prompt 3: *Nennen Sie* fünf *kostengünstige, anfängerfreundliche Ideen für Nebenjobs, die man diesen Monat mit KI-Tools wie ChatGPT oder Canva beginnen könnte. Fügen Sie zu jeder Idee* eine *einzeilige Erklärung hinzu. Formatieren Sie die Liste als nummerierte Liste.*

Wenn Sie den Unterschied selbst erleben möchten, probieren Sie diese Beispiele mit Ihrem KI-Tool aus.

Versuchen Sie, dieselben Prinzipien auf Ihre eigenen Prompts anzuwenden. Sie werden bald merken, dass Sie erste Entwürfe viel schneller erstellen und Sie nur noch halb so viel Zeit für die Bearbeitung benötigen. Aber ehrlich gesagt, lernen Sie am schnellsten, wenn Sie einfach loslegen und sich erlauben, zunächst einige holprige Prompts zu schreiben. Der beste Weg zu lernen ist, es einfach zu tun.

Was tun, wenn Prompts nicht funktionieren?

Lassen Sie sich nicht entmutigen, wenn Ihr Prompt nicht die erwartete Antwort liefert. Iteration und Fehlerbehebung sind Teil des Prozesses. Das bedeutet nicht, dass Sie jedes Mal von vorne beginnen müssen. Selbst Profis, die sich seit Jahren damit beschäftigen, verfeinern ihre Prompts durch mehrere Versuche. Hier sind einige praktische Strategien für den Fall, dass das KI-Tool verwirrt zu sein scheint oder Ihnen unbefriedigende Ergebnisse liefert:

- **Formulieren Sie Ihre Eingabe neu.** Eine Neufassung führt häufig zu völlig unterschiedlichen Ergebnissen.
- **Teilen Sie große Aufgaben in kleinere Schritte auf.** Anstatt eine vollständige Anleitung zur Fehlerbehebung anzufordern, beginnen Sie mit: *Listen Sie die fünf häufigsten Website-Fehler auf, mit denen kleine*

Unternehmen konfrontiert sind. Dann: *Schreiben Sie für Fehler Nr. 1 drei klare Schritte zur Behebung auf.*

- **Sagen Sie klar, was Sie nicht wollen.** Durch Hinzufügen von Einschränkungen wie *Vermeiden Sie Fachjargon* oder *Halten Sie Ihre Antwort unter 100 Wörtern* steuern Sie das System und setzen Grenzen.
- **Geben Sie Beispiele, anstatt ausführlich zu erklären.** Beispiele ersparen langwierige Erklärungen. Anstatt den gewünschten Tonfall umständlich zu beschreiben, zeigen Sie ihn einfach anhand eines Beispiels: *Schreiben Sie in diesem Tonfall:* ***[Beispiel]****.*
- **Überdenken Sie Ihren Ansatz.** Wenn Verfeinerungen die Ergebnisse nicht verbessern, probieren Sie einen völlig neuen Ansatz. KI-Systeme können sich in bestimmte Antwortmuster verrennen. Anstatt *Schreiben Sie eine Über uns-Seite für mein Beratungsunternehmen* zu sagen, versuchen Sie es mit *Befragen Sie mich zu meinem Beratungsunternehmen und erstellen Sie anhand meiner Antworten eine Über uns-Seite.*

Profi-Tipp: Eine weniger offensichtliche Technik zur Verbesserung zukünftiger Ergebnisse besteht darin, KI-Tools zu bitten, bessere Prompts für Sie zu erstellen.

Nachdem Sie das gewünschte Ergebnis erzielt haben, fragen Sie: *Welcher Prompt hätte mir dieses Ergebnis gleich beim ersten Mal geliefert?*, oder *Erstellen Sie eine erweiterte Version dieser Prompt, die ich speichern und wiederverwenden kann.*

Hier ist ein weiteres Beispiel:

Prompt: *Erstellen Sie auf Grundlage der soeben erstellten E-Mail eine wiederverwendbare Vorlage, die ich speichern kann, um diese Art von E-Mail in Zukunft erneut zu generieren. Diese Vorlage sollte alle erforderlichen Anweisungen zu Struktur, Tonfall und Ausgabe enthalten.*

KI-Ausgabe: *Verfassen Sie eine E-Mail mit 150 Wörtern an Kleinunternehmer, in der Sie einen neuen Blogbeitrag vorstellen. Beginnen Sie mit einer kurzen, ansprechenden Frage, um das Interesse des Lesers zu wecken. Beschreiben Sie kurz zwei konkrete Tipps oder Erkenntnisse, die Sie erhalten werden. Beenden Sie die E-Mail mit einer freundlichen Handlungsaufforderung, die auf den Blog verweist. Verwenden Sie einen* *hilfreichen, nicht verkaufsorientierten Ton, wie ein vertrauenswürdiger Berater.*

Wie Sie in dieser Beispielausgabe sehen können, erhalten Sie eine optimierte Version mit allen erforderlichen Elementen: Tonfall, Formatvorgaben, Zielgruppenspezifikationen und Struktur. Wenn Sie Ihr KI-Tool gebeten haben, einen wiederverwendbaren Prompt zu erstellen, den Sie in Zukunft verwenden können, bewahren Sie diesen an einem Ort auf, an dem Sie ihn wiederfinden können. Wenn Sie sie dann erneut verwenden, werden Sie sie wahrscheinlich noch weiter verfeinern. Auf diese Weise können Sie Ihre Effektivität mit KI-Tools steigern.

Wie Sie Ihre Prompts wiederholen und verfeinern können

Wenn eine Antwort gut, aber nicht hervorragend ist oder etwas fehlt, das Sie gerne darin hätten, können Sie mit Folge-Prompts das bereits Vorhandene verfeinern.

Die Verfeinerung von Prompts ist vergleichbar mit dem Justieren von Fokus und Belichtung an einer Kamera. Zunächst passt man die Rollenspezifität an, dann den Ton und schließlich die Formatbeschränkungen. Früher fühlte ich mich entmutigt, wenn mein erster Prompt nicht funktionierte, als wäre ich irgendwie „nicht gut in KI". Ich begann dann eine neue Konversation mit einem neuen Prompt. Dann erkannte ich, dass Iteration ein normaler und notwendiger Teil des Prozesses ist. Jetzt verfeinere ich während des Schreibens und Bearbeitens meines Buches ständig meine Prompts.

Das Wesentliche an Iteration und Verfeinerung ist, dass man um Anpassungen bittet, anstatt von vorne anzufangen. Reagieren Sie auf die Ausgabe von ChatGPT mit Verfeinerungsanfragen wie „Das ist gut, aber können Sie es etwas dialogorientierter gestalten?" oder „Bitte erläutern Sie Punkt 3 anhand eines konkreten Beispiels."

Schauen wir uns einmal genauer an, wie eine gesamte Unterhaltung mit einem dialogorientierten KI-Tool ablaufen könnte. Dieses Beispiel zeigt, wie Sie mit einer einfachen Eingabe beginnen, diese durch einige schnelle Iterationen verfeinern und am Ende eine wiederverwendbare Vorlage erhalten, die Sie jederzeit für die Erstellung professioneller LinkedIn-Beiträge verwenden können.

Nehmen wir an, Sie möchten eine professionelle Erkenntnis oder Erfahrung auf LinkedIn teilen, sind sich aber nicht sicher, wie Sie diese formulieren sollen. Dieses Beispiel ist etwas vereinfacht, aber es veranschaulicht den Prozess, den Sie im wirklichen Leben anwenden würden, testen, verfeinern und verbessern der Ausgabe, bis sie sich richtig anfühlt – dann lässt man sich von der KI helfen, diese endgültige Version in einen wiederverwendbaren Prompt umzuwandeln, den man für das nächste Mal speichern kann, sodass man die mittleren Schritte überspringen kann.

Schritt 1: Erster Prompt

Schreibe einen LinkedIn-Beitrag über etwas, das ich diese Woche bei der Arbeit gelernt habe.

Beispiel für die KI-Ausgabe:

Ich habe diese Woche bei der Arbeit einige wertvolle Lektionen gelernt. Immer weiter lernen und sich verbessern!

Diese Version ist zu allgemein – sie sagt nichts darüber aus, was Sie tatsächlich gelernt haben oder warum es wichtig ist.

Schritt 2: Erster überarbeiteter Prompt

Schreiben Sie einen professionellen, aber dennoch dialogorientierten LinkedIn-Beitrag über etwas, das ich diese Woche bei der Arbeit gelernt habe. Fügen Sie eine konkrete Erkenntnis hinzu und beschreiben Sie, wie sie mir geholfen hat, mich weiterzuentwickeln.

Beispiel für eine KI-Ausgabe:

Diese Woche hat mir wieder einmal gezeigt, wie wichtig klare Kommunikation ist. Ein fünfminütiges Gespräch mit meinem Team hat mir später mehrere Stunden Zeit gespart. Manchmal sind es die kleinsten Anpassungen, die den größten Unterschied machen.

Das ist besser, weil es konkret und nachvollziehbar ist, aber es könnte eine stärkere Einleitung und eine abschließende Frage vertragen, um zum Mitmachen anzuregen.

Schritt 3: Zweiter überarbeiteter Prompt

Schreiben Sie einen umgangssprachlichen LinkedIn-Beitrag über etwas, das ich diese Woche bei der Arbeit gelernt habe. Beginnen Sie mit einem kurzen Aufhänger, beschreiben Sie die Lektion kurz und schließen Sie mit einer Frage, die andere dazu einlädt, ihre eigenen Erkenntnisse zu teilen.

Beispiel für eine KI-Ausgabe:

Haben Sie jemals ein fünfminütiges Gespräch geführt, das Ihre ganze Woche verändert hat? Diese Woche hat mir wieder gezeigt, wie wichtig schnelle Kommunikation sein kann. Welche kleine Gewohnheit hat Ihr Arbeitsleben einfacher gemacht?

Jetzt wirkt der Beitrag natürlich, ansprechend und bereit zur Veröffentlichung.

Schritt 4: Einen wiederverwendbaren Prompt erstellen

Wenn Sie einen Beitrag verfeinert haben, der funktioniert, können Sie die KI bitten, ihn in eine wiederverwendbare Version umzuwandeln:

Schreiben Sie auf der Grundlage dieser endgültigen Version einen wiederverwendbaren Prompt, den ich jederzeit verwenden kann, wenn ich einen LinkedIn-Beitrag erstellen möchte, in dem ich eine berufliche Erkenntnis oder Lernerfahrung teile.

Beispiel für eine KI-Ausgabe:

Schreiben Sie einen dialogorientierten LinkedIn-Beitrag, in dem Sie eine berufliche Erkenntnis oder Lernerfahrung teilen. Beginnen Sie mit einem kurzen, aufmerksamkeitsstarken Aufhänger, erklären Sie die Kernaussage in ein oder zwei Sätzen und schließen Sie mit einer Frage, die zum Mitmachen anregt.

Jetzt haben Sie einen wiederverwendbaren Prompt, den Sie jedes Mal anpassen können, wenn Sie die dialogorientierte KI für dieselbe Aufgabe erneut verwenden möchten.

Wenn Sie dies üben, werden Sie feststellen, dass es verschiedene Möglichkeiten gibt, dies zu tun. Anstatt jedes Mal die überarbeitete Version Ihrer ursprünglichen Eingabeaufforderung erneut einzugeben, können Sie Ihrem KI-Tool Feedback geben und genau das angeben, was wir in jedem Schritt reflektiert haben. Nachdem Sie beispielsweise in Schritt 1 Ihre erste KI-Ausgabe erhalten haben, würden Sie antworten: *Diese Version ist zu allgemein. Sie sagt nichts darüber aus, was ich tatsächlich gelernt habe oder warum es wichtig ist,* und fügen Sie dann am Ende eine konkrete Anweisung hinzu.

Wenn Sie dann die Ausgabe über mehrere Iterationen hinweg zu dem formen, was Sie wollen, können Sie die Eingabeaufforderung aus Schritt 4 verwenden, um eine wiederverwendbare Eingabeaufforderung zu erstellen. Komplexere Aufgaben erfordern mehr Iterationsrunden.

Wenn Sie dies üben, werden Sie feststellen, dass es verschiedene Möglichkeiten gibt, dies zu tun. Anstatt jedes Mal die überarbeitete Version Ihres ursprünglichen Prompts erneut einzugeben, können Sie Ihrem KI-Tool Feedback geben und genau das angeben, was wir in jedem Schritt reflektiert haben. Nachdem Sie beispielsweise in Schritt 1 Ihre erste KI-Ausgabe erhalten haben, würden Sie antworten: *Diese Version ist zu allgemein. Sie sagt nichts darüber aus, was ich tatsächlich gelernt habe oder warum es wichtig ist,* und fügen Sie dann am Ende eine konkrete Anweisung hinzu.

Wenn Sie dann die Ausgabe über mehrere Iterationen hinweg zu dem formen, was Sie wollen, können Sie den Prompt aus Schritt 4 verwenden, um einen wiederverwendbaren Prompt zu erstellen. Komplexere Aufgaben erfordern mehr Iterationsrunden.

Die Grundlagen sind geschaffen

Das Schreiben von Prompts ist die gemeinsame Sprache hinter nahezu jedem generativen KI-Tool, unabhängig davon, welche Art von Inhalten Sie erstellen. Das Erlernen des Schreibens aussagekräftiger Prompts ist der Schlüssel, um das Potenzial dieser Tools voll auszuschöpfen. Nachdem Sie nun die Grundlagen verstanden haben und in der Lage sind, Ihre besten Prompts zu verfeinern und zu speichern, sind Sie bereit für den nächsten Schritt: das eigentliche Erstellen von Inhalten.

Im nächsten Kapitel werden Sie diese Prompt-Fähigkeiten anwenden und mit der Erstellung von Textinhalten mit KI beginnen. Wir behandeln E-Mails, Blogbeiträge, Newsletter und mehr. Danach gehen wir zur Erstellung von Bild-,

Audio- und anderen Arten von Inhalten über. In jedem Kapitel erfahren Sie, wie Sie diese Tools verwenden und gute Prompts schreiben. Am Ende des Buches werden Sie sich sicher fühlen, so gut wie alles mit generativer KI umzusetzen.

Es ist nicht erforderlich, sich alles sofort zu merken. Mit der Zeit werden Sie immer sicherer im Umgang mit diesen Fähigkeiten. Bewahren Sie dieses Kapitel als Referenz griffbereit auf und bereiten Sie sich darauf vor, in reale Projekte einzutauchen.

Beginnen wir damit, Prompt Engineering in die Praxis umzusetzen und zu sehen, wie viel Sie damit schaffen können.

4

So machen Sie aus Prompts fertige Texte

DIE MEISTEN GESCHÄFTSLEUTE verbringen jede Woche mehrere Stunden damit, E-Mails, Berichte, Präsentationen und Angebote zu verfassen. Aufbauend auf dem, was Sie im letzten Kapitel über Prompting gelernt haben, zeigen wir Ihnen in diesem Kapitel, wie Sie in kürzerer Zeit mehr Inhalte erstellen können.

Auf den folgenden Seiten konzentrieren wir uns auf die Grundlagen der Verwendung von konversationeller KI zur Erstellung von schriftlichen Inhalten, die Sie tatsächlich nutzen können. Dies könnte Ihr erster Blogbeitrag, eine kurze E-Mail oder ein Social-Media-Beitrag sein.

Wir beginnen mit kürzeren Texten wie E-Mails und Social-Media-Beiträgen und gehen dann zu einem einfachen dreistufigen Prozess für die Erstellung längerer Inhalte über.

Später in diesem Buch (siehe Kapitel 11) lernen Sie ein umfassendes professionelles Schreibsystem kennen, mit dem Sie solide Entwürfe in herausragende Arbeiten verwandeln können. Bevor wir jedoch dazu kommen, geht es zunächst darum, die Grundlagen zu beherrschen. Sobald Sie die Grundlagen verstanden haben, können Sie darauf aufbauen und noch mehr Möglichkeiten erschließen.

Arten des Schreibens, die KI unterstützen kann

Beginnen wir mit den Möglichkeiten. KI kann zwar bei nahezu jeder Schreibaufgabe helfen, jedoch eignen sich einige Formate besonders gut für Anfänger. Hier sind drei Arten, die Sie schnell beherrschen können:

1. **E-Mails und kurze Mitteilungen:** Betreffzeilen, die zum Öffnen animieren, Nachrichten mit dem richtigen Tonfall, klare und professionelle Antworten. Ideal für routinemäßige Updates, Besprechungsanfragen oder Kundenkontakte.
2. **Social-Media-Beiträge:** LinkedIn-Updates, X-Threads (ehemals Twitter) oder Instagram-Bildunterschriften, die zum Stil der jeweiligen Plattform passen.
3. **Blogbeiträge und Artikel:** Von ersten Ideen bis hin zu vollständigen Entwürfen, einschließlich Überschriften, Einleitungen und Hauptinhalten. Ideal für Meinungsführerschaft, Unternehmensneuigkeiten oder den Austausch von Fachwissen. Besonders hilfreich, wenn Sie sich mit Ihrem Thema auskennen, jedoch Schwierigkeiten mit der Struktur haben.

Diese drei Formate decken 80 % dessen ab, was die meisten Fachleute täglich schreiben. Wenn Sie diese beherrschen, werden Sie sofort Zeit sparen.

Vorlagen für kurze Inhalte

Im Folgenden finden Sie einige einfache Vorlagen für kurze Inhalte, die Sie als Inspiration nutzen können, um selbst solche Inhalte zu erstellen (wir werden den zweistufigen Prozess zur Erstellung eines Blog-Entwurfs weiter unten erläutern). Jede Vorlage folgt der Struktur, die Sie in Kapitel 3 kennengelernt haben; Sie müssen lediglich die Lücken ausfüllen:

E-Mails

> *Verfassen Sie eine E-Mail in **[Tonfall]** an **[Person/Gruppe]** zum Thema **[Thema]**. Fügen Sie **[alle spezifischen Details]** hinzu. Halten Sie sich an **[Wortanzahl]**.*

Social-Media-Beiträge

> *Verfassen Sie einen Beitrag auf* ***[Plattform, z. B. LinkedIn]*** *zum Thema* ***[Thema]****. Gestalten Sie ihn in einem* ***[Tonfall, z. B. ermutigend, professionell]****. Halten Sie sich an maximal* ***[Anzahl]*** *Wörter/Zeichen.*

Kurze Updates oder Ankündigungen

> *Verfassen Sie eine* ***[Tonfall]*** *Kurzmitteilung für* ***[Zielgruppe, z. B. Team, Kunden]*** *zu* ***[Neuigkeiten oder Änderungen]****. Fügen Sie* ***[ggf. Maßnahmen oder Fristen]*** *hinzu. Halten Sie es prägnant.*

Zusammenfassungen von Besprechungen

> *Fassen Sie die wichtigsten Punkte aus [Name der Besprechung oder Thema] für* ***[Zielgruppe]*** *zusammen. Heben Sie [wichtige Entscheidungen, Maßnahmen oder nächste Schritte] hervor. Halten Sie sich an* ***[Wortanzahl]****.*

Interne Mitteilungen oder Nachrichten

> *Verfassen Sie eine* ***[Tonfall]*** *Mitteilung für* ***[Abteilung oder Gruppe]*** *über* ***[Richtlinie, Änderung oder Ereignis]****. Fügen Sie* ***[wichtige Termine oder Informationen]*** *hinzu. Gestalten Sie es klar und übersichtlich.*

Bitte überprüfen Sie die Richtlinien Ihrer Branche in Bezug auf KI-generierte Inhalte, insbesondere wenn Sie in den Bereichen Recht, Medizin, Finanzdienstleistungen oder anderen regulierten Bereichen tätig sind. Viele Organisationen haben spezifische Regeln für die Offenlegung, Überprüfungsprozesse oder Einschränkungen bei der Verwendung von KI. Im Zweifelsfall wenden Sie sich bitte zunächst an Ihre Rechtsabteilung oder die zuständige Fachstelle.

Sobald Sie sich mit KI für kurze Inhalte auskennen, können Sie einen Schritt weitergehen. Betrachten wir nun, wie Sie längere Schreibaufgaben mit dem gleichen einfachen Ansatz angehen können.

So erstellen Sie lange Inhalte

Ich begann zu erkennen, was ich mit KI in meinem Unternehmen erreichen konnte, als ich herausfand, wie ich sie für das eigentliche Schreiben einsetzen konnte, anstatt sie nur mit einmaligen Aufgaben zu beauftragen.

Früher habe ich stundenlang alles vor mir hergeschoben, wenn es ums Schreiben und Bearbeiten ging. Heute bewältige ich die gleiche Arbeitslast in einem Bruchteil der Zeit, da mir die konversationelle KI dabei hilft, einen ersten Entwurf zu erstellen, der vor der Veröffentlichung nur noch geringfügig überarbeitet werden muss.

Hier ist der einfache dreistufige Prozess, mit dem ich schnell fundierte Blogbeiträge, Artikel, Buchkapitel und Präsentationen erstelle.

Schritt 1: Brainstorming und Planung

Dieser Planungsschritt erleichtert alle weiteren Schritte. Beginnen Sie mit einer strukturierten Prompt, die Ihrem KI-Tool genau mitteilt, welche Art von Unterstützung Sie benötigen:

> **Beispiel-Prompt:** *Helfen Sie mir, Ideen für Blogbeiträge zum Thema persönliche Finanzen zu finden, die sich an Millennials im Jahr 2025 richten. Bitte integrieren Sie eine Mischung aus einfachen und fortgeschrittenen Ideen. Formatieren Sie die Liste mit eindeutigen Titeln und einer einzeiligen Beschreibung für jeden Beitrag.*

Diese Anleitung folgt der Struktur, die wir im vorherigen Kapitel behandelt haben:

- **Anweisung:** Brainstorming zu Themen für Blogbeiträge
- **Kontext/Zielgruppe:** Für eine Website zum Thema persönliche Finanzen, die sich an Millennials im Jahr 2025 richtet
- **Format/Stil:** Liste mit eindeutigen Titeln und einer einzeiligen Beschreibung für jedes Thema
- **Einschränkungen/Parameter:** Eine Mischung aus einsteigerfreundlichen und fortgeschritteneren Ideen einbeziehen

Wählen Sie ein Thema aus der Liste aus, das Sie interessiert, und erstellen Sie anhand dieser Vorlage einen Entwurf für Ihren Inhalt:

> *Erstellen Sie einen detaillierten Entwurf für einen* ***[Blogbeitrag/Artikel/Aufsatz]*** *zum Thema* ***[Ihr Thema]****. Fügen Sie 4–5 Hauptabschnitte mit jeweils 2–3 Aufzählungspunkten ein. Angestrebte Länge: 1500 Wörter.*

Scheuen Sie sich in diesem Schritt nicht davor, mit der KI hin und her zu gehen. Sie können mit gezielten Folgeprompts tiefer einsteigen.

Wenn Sie nach neuen Blickwinkeln suchen, schreiben Sie *Nimm das Thema „Produktivität im Homeoffice" und gib mir fünf unkonventionelle Ansätze, die frische Perspektiven bieten und online nur selten zu finden sind. Konzentriere dich auf Sichtweisen, die für Kreativschaffende relevant sind.*

Wenn Sie Informationslücken aufdecken möchten, geben Sie *Überprüfe diese Gliederung und sag mir, welche Fragen ein skeptischer Leser haben könnte, die ich noch nicht beantwortet habe* ein und fügen Sie anschließend die Gliederung am Ende des Prompts hinzu.

Diese Planungsarbeit mag sich nach zusätzlichem Aufwand anfühlen, wenn Sie bereits mit dem Schreiben beginnen möchten. Die Qualität Ihres Ergebnisses hängt jedoch von dieser Vorbereitungsarbeit ab. Wenn Sie sich hier 10 bis 15 Minuten Zeit nehmen, vermeiden Sie später endlose Überarbeitungen. Sie können Ihren Ansatz festlegen, Ihre Struktur aufbauen und eventuelle Lücken im Inhalt erkennen.

Schritt 2: Verwenden Sie KI, um Ihren Entwurf zu erstellen

Nun können Sie beobachten, wie Ihre Ideen zu konkreten Inhalten werden. In diesem Schritt erstellen Sie Ihren ersten vollständigen Entwurf mit allen wichtigen Punkten, Beispielen und der Struktur. Er wird noch nicht perfekt sein, aber immerhin haben Sie etwas in der Hand, und damit ist der schwierigste Teil geschafft.

Leistungsstarke KI-Entwürfe erfordern klare Anweisungen. Geben Sie an, welches Format Sie wünschen (Blogbeitrag, Artikel oder Bericht), wer die Zielgruppe ist (Anfänger oder Experten) und wie der Text klingen soll (professionell oder umgangssprachlich). Ohne diese Angaben erhalten Sie allgemeine Inhalte, die wie alle anderen KI-generierten Texte im Internet klingen.

Fügen Sie Ihre Gliederung aus Schritt 1 hinzu. Dadurch bleibt die KI auf Ihren spezifischen Blickwinkel fokussiert und wandert nicht in vorhersehbare Bereiche ab. Ihre Gliederung liefert die Struktur, die den Inhalt auf Kurs hält.

In dieser Phase können Sie der KI auch mitteilen, dass sie in der Rolle eines bestimmten Autors oder Experten agieren soll. Dies wird als rollenbasierter Prompt bezeichnet. Indem Sie der KI eine Rolle zuweisen, kann sie Inhalte mit der für Ihr Projekt geeigneten Stimme, Erfahrungsstufe oder Branchenausrichtung generieren.

> **Beispiel-Prompt:** *Verhalten Sie sich wie ein professioneller Blogautor. Verfassen Sie einen ersten Entwurf für einen Blogbeitrag, der sich an Fachleute in den Dreißigern richtet und das Thema [Thema] behandelt. Verwenden Sie einen dialogorientierten Ton. Gestalten Sie die Einleitung aussagekräftig und schließen Sie mit einem klaren Aufruf zum Handeln. Folgen Sie dabei der unten stehenden Gliederung. Der Text sollte zwischen 800 und 1000 Wörtern umfassen.*
>
> ***[Gliederung einfügen]***

Ich empfehle Ihnen, genau diesen Prozess mit genau diesen Vorgaben auszuprobieren, damit Sie sehen können, wie das Endergebnis aussieht.

Schritt 3: Besser machen

Der größte Fehler bei KI-Texten ist, auf „Veröffentlichen" zu klicken, ohne vorher zu redigieren. Die Ausgabe kann grammatikalisch korrekt und sauber formatiert sein, klingt aber trotzdem nach KI. Leserinnen und Leser erkennen die Anzeichen immer leichter: fade Formulierungen, generische Ratschläge, Füllwörter und ein seltsam formeller Ton, wie ihn niemand wirklich spricht oder schreibt.

Vertrauen ist schwer zu gewinnen und leicht zu verlieren. Wenn Ihr Inhalt generisch oder roboterhaft wirkt, schalten Menschen ab. Deshalb ist dieser dritte Schritt genauso wichtig wie die ersten beiden. Hier bringen Sie Ihr Urteilsvermögen wieder in den Prozess ein, damit der Text „menschlich" wird. Deshalb bezeichnen viele diesen Bearbeitungsschritt auch als ‚Humanisierung von Inhalten', also das gezielte Nachbearbeiten, damit der Text natürlicher wirkt.

Worauf Sie konkret prüfen sollten, weil KI-Texte das oft vermissen lassen:

- **Struktur und Fluss:** Gehen die Abschnitte flüssig ineinander über, oder brauchen Sie bessere Übergänge?
- **Tiefe:** Gibt es dünne Stellen, an denen Beispiele, Daten oder Details den Text stärken würden?
- **Genauigkeit:** Sind Fakten, Daten und Statistiken überprüfbar und aktuell?
- **Klarheit:** Gibt es Sätze, die unklar, zu wortreich oder wiederholend sind?
- **Ton:** Passt der Stil zur Zielgruppe (professionell, locker, überzeugend usw.)?

Wenn Sie noch lernen, worauf Sie in einem KI-Entwurf achten sollten, nutzen Sie ChatGPT als „zweites Paar Augen". So erkennen Sie Muster, die Anfänger oft übersehen: Stellen, an denen der Text an Energie verliert, sich wiederholt, vage bleibt oder zu sehr auf KI-Klischees und recycelte Phrasen setzt, etwa „in der sich ständig wandelnden Landschaft ..." oder Einleitungen wie „Stellen Sie sich vor:" / „Imagine:". Mit dieser Prompt-Vorlage bekommen Sie eine klare Beurteilung entlang der fünf wichtigsten Bereiche:

> *Agieren Sie als professioneller Lektor, der einen Entwurf von* ***[Art des Inhalts, z. B. Blogbeitrag, E-Mail, Bericht]*** *prüft. Die Zielgruppe ist* ***[spezifische Zielgruppe, z. B. Kleinunternehmer, mittlere Führungskräfte]****. Das Ziel ist, den Text so zu verbessern, dass er* ***[Ziel, z. B. klar, ansprechend und professionell genug für die Veröffentlichung auf einer Unternehmenswebsite]*** *ist.*
>
> *Lesen Sie den Entwurf und bewerten Sie ihn hinsichtlich folgender Aspekte: Klarheit, Struktur und Fluss, Tiefe, Ton und Genauigkeit.*
>
> *Geben Sie Ihr Feedback als stichpunktartige Liste nach Kategorien geordnet. Nennen Sie in jeder Kategorie konkrete Stärken und mögliche Schwächen. Falls es mehrere Probleme gibt, listen Sie diese alle mit kurzen Verbesserungsvorschlägen auf. Wenn keine Änderungen nötig sind, schreiben Sie: ‚Keine wesentlichen Probleme festgestellt.'*
>
> *Bitte überarbeiten Sie den Entwurf nicht. Geben Sie lediglich eine ehrliche Einschätzung zu seinen Stärken und möglichem Verbesserungspotenzial.*

. . .

Nach dieser Bewertung erhalten Sie wahrscheinlich eine ordentliche Liste von Verbesserungen. Das Schlechteste, was Sie jetzt tun können, ist, Ihr KI-Tool alle Empfehlungen auf einmal umsetzen zu lassen. Genau hier passieren Fehler. Wenn Sie den Entwurf einfach mit einem vagen Prompt in ChatGPT einfügen, wird manches „besser", anderes aber schlechter: Vielleicht wird die Klarheit verbessert, dafür flacht der Ton ab. Oder die Übergänge werden runder, doch es schleichen sich unbeholfene Formulierungen ein.

Die Vorlage soll Ihnen zunächst nur ein Gefühl dafür geben, wo Sie den Text verbessern können. Sie haben dann eine Liste mit Empfehlungen nach Kategorien. Am besten arbeiten Sie diese eine Kategorie nach der anderen ab, in dieser Reihenfolge:

1. Struktur und Fluss
2. Tiefe
3. Genauigkeit
4. Klarheit
5. Ton

Die ersten beiden Punkte verfeinern den Inhalt selbst, Genauigkeit schließt diesen Inhalt ab, und die letzten beiden betreffen das Redigieren des fertigen Textes. In den ersten Schritten fügen Sie also möglicherweise noch Text hinzu oder entfernen etwas. Deshalb sollten Sie nicht erst Klarheit und Ton glätten, um dann nachträglich erneut daran arbeiten zu müssen, weil Sie Inhalte verändert haben.

Um schrittweise Änderungen umzusetzen, gehen Sie so vor: Prüfen Sie die Vorschläge Ihres KI-Tools, bleiben Sie im selben Gesprächsfenster und sagen Sie, welche Änderungen Sie umsetzen möchten. Lassen Sie die Änderungen vornehmen und prüfen Sie sie anschließend. Eventuell brauchen Sie ein paar Iterationen, bis der Text die gewünschte Qualitätsstufe erreicht.

Profi-Tipp: Seien Sie in Ihren Bearbeitungsanweisungen immer präzise, damit das KI-Tool nicht zu viel ändert und Dinge umschreibt, die Sie nicht geändert haben möchten. Geben Sie genau an, was geändert werden soll und was unverändert bleiben soll. Weisen Sie es beispielsweise an, nur die Verständlichkeit in einem Abschnitt zu verbessern oder nur die Formulierung zu straffen, ohne den Ton oder die Struktur zu verändern. So bleibt das

Ergebnis fokussiert, und Sie vermeiden es, dass die KI beim Versuch, „zu helfen“, neue Probleme verursacht.

Dieser Prozess kann anfangs einige Zeit in Anspruch nehmen. Es kann länger dauern, als wenn Sie die Texte manuell selbst bearbeiten würden. Dies liegt jedoch daran, dass Sie noch lernen, was bei KI-Texten in der Regel korrigiert werden muss. Seien Sie daher geduldig und durchlaufen Sie diesen Prozess. Sie erwerben eine neue Fähigkeit. Mit zunehmender Erfahrung verbessern Sie sich, werden effizienter und entwickeln möglicherweise Ihren eigenen Redaktions-Workflow.

Häufige Fehler beim Verfassen von Texten und wie man sie behebt

Die Erstellung Ihres ersten Entwurfs ist ein bedeutender Schritt, jedoch ist es völlig normal, wenn das Ergebnis der KI nicht perfekt ist. Viele sind so begeistert davon, dass die KI für sie Inhalte erstellt hat, dass sie die Qualität des Ergebnisses nicht wirklich genau prüfen. Ohne die richtigen Eingabetechniken neigt die konversationelle KI dazu, zu übertreiben, oberflächliche Inhalte mit übermäßiger Bildsprache zu produzieren und sich zu wiederholen.

Hier sind einige typische Probleme und praktische Lösungen, die Sie sofort anwenden können:

Fehler: Unklare Anweisungen = unklarer Inhalt
Lösung: Fügen Sie konkrete Beispiele, Datenpunkte oder Szenarien hinzu, die Sie behandeln möchten.

Fehler: Keine Gliederung = unübersichtlicher Inhalt
Lösung: Stellen Sie stets eine Struktur bereit, auch wenn es sich nur um 3–4 Stichpunkte handelt.

Fehler: Der Inhalt ist zu lang oder zu kurz
Lösung: Geben Sie in Ihrer Vorgabe eine Zielwortzahl an.

Fehler: Von Anfang an falscher Ton
Lösung: Fügen Sie einen Beispielabsatz in Ihrem bevorzugten Stil ein.

Fehler: Perfektion beim ersten Versuch erwarten
Lösung: Planen Sie zwei bis drei Runden mit Prompts ein, um das gewünschte Ergebnis zu erzielen (Kapitel 11 zeigt Ihnen, wie Sie das konkret umsetzen können).

Und noch einmal: Wenn Sie sich die Zeit nehmen, eine gute Anfrage zu verfassen, eine Gliederung zu erstellen und diese dann zu überprüfen, werden Ihnen diese Probleme wahrscheinlich gar nicht erst begegnen.

Sollte Ihr Entwurf nicht die erwartete Länge aufweisen oder der Inhalt nicht Ihren Vorstellungen entsprechen, wäre dies der geeignete Zeitpunkt, um einige Anpassungen an Ihrer ursprünglichen Prompt oder Gliederung vorzunehmen und anschließend Ihren Inhalt neu zu generieren.

Bedenken Sie, dass Sie Ihren Entwurf auch wieder in die KI einfügen und um eine Analyse bitten können. Fragen Sie zum Beispiel *Was fehlt in diesem Entwurf, um ihn hilfreicher zu gestalten?* oder *Wo verliert dieser Entwurf an Dynamik?*

Die KI kann Schwachstellen erkennen, die Ihnen möglicherweise entgehen, und konkrete Verbesserungsvorschläge unterbreiten.

Probieren Sie es selbst aus: Erstellen Sie einen ausführlichen Beitrag

Sind Sie bereit, das Gelernte in die Praxis umzusetzen? Verwenden Sie den in diesem Kapitel vorgestellten dreistufigen Prozess, um Ihren eigenen Langform-Inhalt zu erstellen.

Dies kann ein Blogbeitrag, ein Artikel, eine Präsentation oder sogar ein praktischer Leitfaden für Ihr Team sein.

Bitte überspringen Sie diese Übung nicht. Es handelt sich um den ersten Schritt eines mehrstufigen Projekts, das Sie im Laufe der Lektüre dieses Buches abschließen werden. Am Ende verfügen Sie über ein funktionierendes Produkt, das Sie weiterentwickeln und monetarisieren können.

Schritt 1: Brainstorming und Gliederung

- Wählen Sie ein Thema, das Sie interessiert oder für Ihre Arbeit relevant ist.
- Fordern Sie Ihr KI-Tool auf, eine Liste mit Blickwinkeln, Abschnitten oder Unterthemen zu erstellen.

- Bitten Sie anschließend die KI, eine detaillierte Gliederung für das von Ihnen gewählte Thema zu erstellen.

(Tipp: Verwenden Sie die Vorlagen in diesem Kapitel als Leitfaden für Ihre Eingaben.)

Schritt 2: Entwerfen Sie Ihren Inhalt

- Fordern Sie die KI anhand Ihrer Gliederung auf, einen vollständigen ersten Entwurf zu verfassen.
- Geben Sie dabei unbedingt alle Anweisungen zu Tonfall, Zielgruppe, Format oder Länge an.
- Fügen Sie Ihre Gliederung in die Prompt ein, damit sich die KI auf Ihre Struktur konzentriert.

Sobald Sie Ihren Entwurf fertiggestellt haben, lesen Sie ihn kurz durch. Was funktioniert gut? Was muss noch überarbeitet werden? Machen Sie sich keine Sorgen, wenn Sie offensichtliche Probleme oder Dinge entdecken, die Sie ändern möchten.

Im nächsten Kapitel wenden wir die gleichen Prompting-Prinzipien auf visuelle Kreativität an. Sie lernen, wie Sie Bilder, Videos und andere Multimedia-Inhalte erstellen, die Ihre Texte ergänzen, und sehen, wie Textprompts einen vollständigen kreativen Workflow ermöglichen können.

5

Professionelle Bilder und Grafiken erstellen

ES ÜBERRASCHT MICH IMMER WIEDER, wie viele Menschen nicht wissen, dass generative KI nicht nur beim Schreiben hilfreich ist. Mit generativen KI-Tools können Sie auch Ihre eigenen Bilder, Grafiken und Videos erstellen. Ob ein Bild für einen Blogbeitrag, eine Grafik für LinkedIn, ein schnelles Diagramm für ein Meeting oder sogar ein Schulungsvideo – Sie können bereits Verfasstes nutzen und die KI dafür Grafiken generieren lassen oder mit einem guten Prompt von Grund auf neu erstellen.

In diesem Kapitel erfahren Sie, wie Sie:

- Ihren Text in Bilder umwandeln können, die zu Ihrer Stimme und Ihrer Marke passen (keine generischen Grafiken mehr)
- visuelle Inhalte erstellen, die einheitlich sind, auch wenn Design nicht zu Ihren Stärken zählt

Nehmen Sie den Blogbeitrag oder den Langtext zur Hand, den Sie im letzten Kapitel erstellt haben. Sie werden ihn verwenden, um ein passendes Bild zu erstellen und diesen Textinhalt anschließend in ein Video umzuwandeln. Beginnen wir.

Bilder für verschiedene Aufgaben generieren

Es gibt erstaunlich viele Möglichkeiten, KI-Bildgeneratoren zu nutzen. Und Sie müssen weder künstlerisch begabt noch besonders kreativ sein, um großartige Ergebnisse zu erzielen. Ob Sie ein kleines Unternehmen führen, eine persönliche Marke aufbauen, einen Blog schreiben oder einfach bessere visuelle Inhalte für alltägliche Projekte möchten. Mit diesen Tools können Sie in wenigen Minuten hochwertige Bilder erstellen.

Das können Sie mit KI-Bildgeneratoren erstellen:

- Social-Media-Grafiken für jede Plattform
- Professionell aussehende Produktfotos
- Profilbilder oder Avatare für Unternehmen, Personal Branding oder Ihr Team
- Bilder für Blogs und Newsletter
- Veranstaltungsflyer oder Ankündigungen
- Markengrafiken für Websites, YouTube-Kanäle oder Druckerzeugnisse

Auch wenn Sie noch nie mit Photoshop oder Canva gearbeitet haben, werden Sie überrascht sein, wie schnell Sie etwas erstellen können, das professionell aussieht und Sie vielleicht sogar fragen lässt, ob Kunst oder Fotografie doch etwas für Sie sein könnten. Das Schwierigste ist nicht, die Tools zu lernen, sondern zu entscheiden, womit Sie anfangen.

Benutzerfreundliche Tools zur Erstellung von Bildern

Die meisten Anfänger sind zunächst unsicher, mit welchem Tool sie beginnen sollen. Hier sind einige der gängigsten Tools zur Bilderstellung und ihre Anwendungsmöglichkeiten.

DALL-E

Direkt in ChatGPT integriert, ermöglicht DALL-E einen nahtlosen Übergang vom Schreiben von Textinhalten zum Erstellen eines fertigen Bildes, ohne dass Sie ein anderes Tool öffnen müssen. Sie können Avatare und schnelle Blog-Illustrationen erstellen oder vorhandene Fotos bearbeiten, indem Sie diese hochladen und Änderungen anfordern. Sie können ein einfaches Handyfoto in etwas Lustiges, Dramatisches oder völlig Unerwartetes verwandeln.

Ich habe einmal ein Bild meines Hundes mit seinem markanten Unterbiss hochgeladen und DALL-E daraus einen Manager im Anzug in einem Eckbüro machen lassen, mit der Skyline von New York im Hintergrund und einem Namensschild mit der Aufschrift „Chief Snuggle Officer“. Das Ergebnis war beeindruckend.

Wir werden gleich darauf eingehen, wie Sie aussagekräftige Prompts für DALL-E verfassen können.

Canva

Dies ist für viele Kreative das bevorzugte Tool für Grafikdesign. Für sich genommen ist es technisch gesehen keine KI-Plattform, aber mit CanvaAI können Sie Grafiken für Social-Media-Posts, Anzeigen, Einladungen und Präsentationen erstellen. Ich empfehle, in Ihrer ersten Eingabe genau den Text zu verwenden, den Sie wünschen. Canva hat manchmal Schwierigkeiten, Text präzise zu platzieren oder Ihre Farbwünsche genau umzusetzen. Canva AI kann Ihnen innerhalb von Sekunden einen Entwurf liefern, der zu 80 % Ihren Vorstellungen entspricht. Anschließend müssen Sie das Layout, die Farben oder die Schriftarten an Ihren Stil anpassen.

Leonardo.ai

Leonardo.ai eignet sich hervorragend für hochwertige Produktfotos oder Marketingbilder, wenn Sie keinen Fotografen zur Verfügung haben. Sie können einheitliche Aufnahmen erstellen, beispielsweise *eine Kaffeetasse auf weißem Hintergrund* oder *eine Wasserflasche in einer Sporttasche*. Sie können auch eigene Fotos hochladen und von Leonardo in eine neue Umgebung einfügen lassen, beispielsweise eine einfache Tassenaufnahme auf einer Marmorarbeitsplatte mit Sonnenlicht und Pflanzen im Hintergrund.

Tipps für bessere Ergebnisse:

- Beginnen Sie mit einfachen, hochwertigen Quellbildern.
- Fügen Sie später mit Canva Logos hinzu, wenn diese klein oder detailreich sind.
- Bearbeiten Sie Produktfotos in einem Durchgang, um Zeit zu sparen.

Midjourney

Ein weiteres beliebtes Tool unter Designerinnen und Designern ist Midjourney. Es ist die richtige Wahl, wenn Sie Bilder erstellen möchten, die aussehen, als gehörten sie in ein Kunstbuch, oder wenn Ihre visuellen Inhalte einfach einen echten Wow-Effekt haben sollen. Es ist ideal, wenn Sie nicht möchten, dass die Person auf Ihrem Porträt sechs Finger hat oder eine analoge Uhr vierzehn Stunden oder drei Zeiger anzeigt. Es ist den meisten anderen KI-Bildgeneratoren deutlich überlegen. Ich verwende es für Buchcover. Auch für YouTube-Banner, T-Shirt-Designs oder ansprechende Food-Bilder ist es hervorragend geeignet. Sie können jedoch alles erstellen, von hochdetaillierten Fantasieszenen bis hin zu hochauflösenden Porträts, die wie echte Menschen aussehen.

Der Nachteil ist, dass es auf Discord läuft, sodass eine gewisse Einarbeitungszeit erforderlich ist. Sobald Sie angemeldet sind, geben Sie Befehle wie den folgenden ein:

> */imagine eine futuristische Stadt bei Sonnenuntergang, digitales Gemälde, kräftige Farben*

Jeder Prompt bietet Ihnen vier Varianten des Bildes, die Sie anschließend verfeinern können. Ich bitte ChatGPT häufig, mir bei der Erstellung meiner Prompts zu helfen, damit diese für Midjourney optimiert sind. Auf diese Weise vermeide ich es, Credits für die Neuerstellung von Bildern zu verschwenden, weil das erste Ergebnis nicht den Erwartungen entspricht.

Es gibt auch keine kostenlose Version von Midjourney, sondern nur einen kostenpflichtigen Tarif. Wenn Sie lediglich ein schnelles Bild für Ihren Blog benötigen, würde ich Ihnen empfehlen, bei DALL-E oder Canva zu bleiben. Wenn Sie jedoch ein einheitliches Markenimage anstreben, lohnt es sich, Midjourney zu erlernen.

KI-Tools zur Bilderstellung

Tool	Am besten geeignet für	Startpunkt	Zugang
DALL·E 3	Schnelle Bilder mit Text	In ChatGPT integriert	Kostenlos mit ChatGPT
Canva	Grafiken für soziale Medien	Kostenlose Vorlagen + KI	Kostenlose Version verfügbar
Leonardo.ai	Produktfotos	Kostenlose Version verfügbar	Kostenlose Version verfügbar
Midjourney	Künstlerische Visuals	Über Discord-Server	Nur kostenpflichtig

Sicherheitsüberprüfung: Mit diesen KI-Bildgeneratoren stehen Ihnen zahlreiche Möglichkeiten zur Verfügung, um Inhalte zu erstellen und sogar zu monetarisieren. Denken Sie aber daran, dass Sie, wie bei jedem KI-Tool, das Hochladen persönlicher oder sensibler Bilder vermeiden und die Lizenzbedingungen überprüfen sollten, bevor Sie Inhalte veröffentlichen oder verkaufen, die KI-generierte Bilder enthalten.

Jedes dieser Tools kann Ihnen helfen, unterschiedliche Ergebnisse zu erzielen – von schnellen Blogbildern bis hin zu umfassenden Markenvisuals. Sobald Sie sich für eines entschieden haben, hängt die Qualität der Ergebnisse davon ab, wie Sie Ihre Prompts formulieren.

Bessere Prompts für Bilder schreiben

Das Erstellen von Prompts für Bilder ähnelt dem Formulieren von Prompts für Text, unterscheidet sich jedoch in einigen Punkten. Sie sollten weiterhin konkret bleiben und eine ähnliche Prompt-Struktur wie in Kapitel 3 verwenden. Wenn Sie nur schreiben *„Erstelle ein Bild von einem Hund“*, wird die KI ihre eigene Vorstellung davon erzeugen, wie dieser Hund aussieht. Es könnte sich um eine beliebige Rasse handeln, die cartoonhaft, fotorealistisch oder vielleicht auch irgendwo dazwischen dargestellt wird. Wenn Sie ein Ergebnis wünschen, das zu Ihrer Marke, Ihrem Stil oder Ihren spezifischen Anforderungen passt, müssen Sie dies genau formulieren.

Ein wirkungsvollerer Ansatz besteht darin, der KI eine klare visuelle Vorgabe zu geben:

- **Thema:** *Ein Golden Retriever mit einem Tennisball*
- **Stil:** *modern, minimalistisch, Cartoon, Vintage, realistisch* usw.
- **Farbschema:** *Marineblau und Creme, sanfte Pastelltöne, leuchtendes Orange und Grau*
- **Beleuchtung:** *sanftes Morgenlicht, warmes Fensterlicht von links*
- **Stimmung:** *ruhig, energiegeladen, freundlich, professionell*
- **Komposition:** *zentriertes Porträt, Aufnahme von oben, weite Landschaft*
- **Zweck:** *Social-Media-Beitrag, Produktliste, Profilbild* (dies kann sich auf Größe und Layout auswirken)

- **Einschränkungen:** Geben Sie an, was Sie nicht wünschen – *keine unübersichtlichen Hintergründe, kein Text auf dem Bild*

Überlassen Sie die Entscheidung nicht dem Bildgenerator.

Fassen Sie alles zusammen:

> *Erstellen Sie eine detailgetreue, fotorealistische Nahaufnahme eines Golden Retrievers mit einem hellgrünen Tennisball im Maul. Verwenden Sie weiches Licht und gestalten Sie das Bild warm und verspielt. Positionieren Sie den Hund in der Bildmitte, passen Sie die Größe an ein YouTube-Miniaturbild an und lassen Sie den Hintergrund ohne Text.*

Beachten Sie, dass Sie hier weiterhin alle vier Elemente einer guten Vorgabe berücksichtigen:

- **Anweisung:** *Erstellen Sie ein Bild für [Zweck/Verwendung]*
- **Kontext:** *[Besondere Anweisungen zu Einstellung, Thema oder Verwendung]*
- **Format/Stil:** *[Stil, Farbschema, Beleuchtung, Stimmung, Komposition]*
- **Einschränkungen/Parameter:** *[Form/Größe, zu vermeidende Elemente, Platz für Text usw.]*

So sieht diese Struktur anhand einiger weiterer konkreter Beispiele aus:

Social-Media-Beitrag

> *Erstellen Sie ein Instagram-taugliches Bild eines Marktstandes, der mit frischen Feigen, Orangen und Lavendelsträußen beladen ist. Verwenden Sie eine warme, sonnendurchflutete Farbpalette mit sanftem goldenem Licht von rechts. Halten Sie den Stil rustikal und einladend und lassen Sie am unteren Rand Platz für eine Textüberlagerung.*

Produktfoto

> *Erstellen Sie ein quadratisches Bild einer handgegossenen Sojakerze in einem*

mattierten Glasgefäß, die auf einer Steinplatte steht, neben der ein Zweig Eukalyptus liegt. Achten Sie auf eine helle und natürliche Beleuchtung ohne Unordnung im Hintergrund. Zentrieren Sie die Kerze und fotografieren Sie aus einem leicht erhöhten Winkel.

Professioneller Avatar

Erstellen Sie ein realistisches, hochauflösendes Porträtfoto eines Mannes Ende 40 mit grau meliertem Haar und kurzgeschnittenem Bart. Er trägt einen waldgrünen Pullover mit Rundhalsausschnitt und lächelt freundlich. Der Hintergrund sollte aus unscharfen Herbstblättern in Weichzeichneroptik bestehen, mit gleichmäßiger natürlicher Beleuchtung von vorne. Halten Sie die Komposition zentriert, ohne Text.

Falls Sie sich überfordert fühlen, denken Sie daran, dass Ihr erster Vorschlag nicht perfekt sein muss. Sie können jederzeit einen Vorschlag ausprobieren und sehen, was dabei herauskommt.

Wenn das erste Bild nicht Ihren Vorstellungen entspricht, geben Sie Ihrem KI-Tool konkretes Feedback dazu, was geändert werden soll. Wenn Sie sich hinsichtlich der Beleuchtung noch nicht sicher sind, lassen Sie diese zunächst weg und bitten Sie Ihr KI-Tool, das Bild mit unterschiedlicher Beleuchtung zu generieren, damit Sie sehen können, was Ihnen gefällt.

Sie werden mit jedem Versuch besser, und der Prozess wird sich einfacher und natürlicher anfühlen. Der einzige Weg, um herauszufinden, was funktioniert, besteht darin, es auszuprobieren und dann Ihre Prompts weiter anzupassen und zu verfeinern.

Wenn Ihnen das Erstellen von Bildern komplett von Grund auf derzeit zu aufwendig erscheint, können Sie auch mit Bildgenerierungsanweisungen experimentieren, indem Sie Ihre eigenen hochladen. Laden Sie eigene Fotos hoch, geben Sie an, wie diese verändert werden sollen, und bitten Sie um entsprechende Anpassungen. Ich habe bereits erwähnt, dass ich DALL-E verwendet habe, um ein Bild meines Hundes im Eckbüro zu erstellen. Ich habe es verfeinert, indem ich

DALL-E gebeten habe, Berge im Hintergrund hinzuzufügen, die Farbe der Krawatte meines Hundes aktualisiert und den Winkel des Bildes geändert.

So bearbeiten Sie KI-generierte Bilder

Die erste Version eines KI-generierten Bildes entspricht nicht immer den Erwartungen. Es ist zu 97 % perfekt, jedoch können gelegentlich unnatürliche Hände, verzerrte Objekte oder ungewöhnliche Hintergründe auftreten. In solchen Fällen ist es nicht erforderlich, ein komplett neues Bild zu erstellen (dies würde wahrscheinlich ähnliche, aber andere Probleme mit sich bringen). Sie brauchen nur eine leichte Überarbeitung oder eine bessere Formatierung für Ihr Projekt.

Beginnen Sie mit dem Generierungstool und verwenden Sie anschließend Canva für schnelle, anfängerfreundliche Bearbeitungen. Mit Canva Magic Studio (im Pro-Plan enthalten) können Sie unerwünschte Elemente aus Ihren Bildern entfernen, Hintergründe löschen und mithilfe von KI Bildmerkmale ändern. Sie können Bilder auch zuschneiden, Text oder Logos hinzufügen, das Layout anpassen und die Größe für Social-Media-Beiträge oder Präsentationen ändern.

Visuelle Inhalte konsistent gestalten

Viele Menschen landen bei uneinheitlichen visuellen Inhalten, weil sie ihren Stil von einem Tag auf den anderen ändern, Trends hinterherlaufen, die gar nicht zu ihrer Marke passen, oder wichtige Details wie Beleuchtung und Farbschema übersehen. Selbst kleine Unterschiede in Licht oder Farbe zwischen einzelnen Bildern können dafür sorgen, dass Ihr Inhalt zerstreut statt stimmig wirkt. Bleiben Sie bei jedem Prompt einem einheitlichen Stil, einer festen Farbpalette und einer konsistenten Stimmung treu. So wirken Ihre visuellen Inhalte immer wie aus einem Guss.

Kopieren Sie diese Vorlagen und ersetzen Sie sie durch Ihre eigenen Themen.

Einfache Prompt-Vorlagen für Bilder

Bildtyp	Prompt-Vorlage
Blog-/Newsletter-Header	„[Dein Thema] als Konzept, warm und einladend, im Querformat"
Zitat für soziale Medien	„Pastellfarbener Hintergrund, Platz für Text, quadratisches Format"
Veranstaltungshinweis	„Festliches Design für [Veranstaltungstyp], [Farbwelt], aufmerksamkeitsstark"
Rezeptfoto	„[Gericht], Draufsicht, rustikaler Tisch, natürliches Licht"
Buchcover-Mock-up	„Buch auf Tisch stehend, Stil: [Genre], professionelles Lichtsetup"
Kurs-Vorschaubild	„Bildungskonzept zu [Thema], modern und visuell ansprechend"

Profi-Tipp: Sie möchten, dass eine Reihe von Bildern wie eine zusammenhängende Serie wirkt? Wenn Sie Ihren visuellen Stil festgelegt haben, dokumentieren Sie ihn und erstellen Sie anschließend eine Vorlage, die Sie jedes Mal verwenden können. Darin sollten Ihr Stil, Ihre Farben, die Stimmung und die Beleuchtung festgehalten sein.

Probieren Sie es selbst aus: Erstellen und optimieren Sie ein Bild für Ihren Blogbeitrag

Jetzt sind Sie dran. In dieser Übung erstellen und verfeinern Sie ein Hero-Bild für den Blogbeitrag, den Sie im letzten Kapitel geschrieben haben. Sie werden sehen, wie sich durch kleine Änderungen im Prompt das Endergebnis innerhalb weniger Minuten verändert.

Diese Übung besteht aus mehreren Schritten, aber keine Sorge. Sie sollte etwa zehn bis fünfzehn Minuten dauern, je nachdem, wie vertraut Sie mit dem Tool sind und wie viele Anpassungen Sie vornehmen möchten. Greifen Sie auf den Blogentwurf zurück, den Sie im vorherigen Kapitel erstellt haben. Sie werden nun ein Hero-Bild gestalten, das den Blogbeitrag visuell ergänzt.

1. **Öffnen Sie ChatGPT** (die kostenlose Version ist ausreichend, allerdings gilt für Nutzer ein tägliches Bildlimit).
2. **Geben Sie ein:** *Ich möchte ein Bild mit DALL-E erstellen.*

3. Warten Sie auf die Bestätigung von ChatGPT. Bei einem kostenpflichtigen Tarif sollte dies nicht erforderlich sein.
4. **Kopieren Sie diesen Prompt und fügen Sie Ihr Thema ein:** *Erstellen Sie ein professionelles Titelbild für einen Blogbeitrag zu* ***[Ihrem Thema]****. Entwerfen Sie eine originelle, realistische Szene, die das Konzept visuell darstellt, ohne Text hinzuzufügen. Verwenden Sie einen Stil und eine Farbpalette, die zur Nische passen.*
5. **Führen Sie den Prompt aus und sehen Sie, was Sie erhalten.** Haben Sie etwas Geduld, da die Erstellung des Bildes einige Minuten dauern kann.
6. **Verfeinern Sie das Bild:** Ändern Sie ein Element. Probieren Sie eine neue Farbpalette aus, fügen Sie ein Objekt hinzu oder entfernen Sie es, passen Sie die Beleuchtung an oder bitten Sie um eine andere Stimmung. Führen Sie Ihre Eingabe erneut aus und beobachten Sie, wie sich das Bild verändert.
7. **Wenn Sie ein Ergebnis erhalten, das Ihnen gefällt,** können Sie ChatGPT bitten, einen wiederverwendbaren Prompt zu erstellen, den Sie für Hero-Bilder in zukünftigen Blogbeiträgen im gleichen Stil verwenden können.

Beispiel: *Bitte erstellen Sie mir eine Vorlage, die ich jederzeit verwenden kann, wenn ich ein Bild für einen Blogbeitrag im gleichen Stil und Farbschema benötige.*

Sie haben nun gelernt, wie Sie Bilder erstellen, die Ihre Texte aufwerten und für ein einheitliches visuelles Erscheinungsbild Ihrer Marke sorgen. Doch Bilder sind nicht die einzige Art von visuellen Inhalten, die Sie mit generativen KI-Tools erstellen können. Sie können auch Videos produzieren.

Im nächsten Kapitel erfahren Sie, wie Sie Videos auf zwei Arten erstellen können:

- Mit **Content-to-Video-Tools**, die Ihre Texte oder Skripte in vollständige Videos verwandeln
- Mit **Prompt-to-Video-Tools**, die aus Ihrer Kreativität und einem gut formulierten Prompt völlig neue Szenen entstehen lassen

Wenn KI-generierte Bilder Ihre Ideen sichtbar machen, lassen KI-generierte Videos sie lebendig werden.

6

Mit KI Videos erstellen und bearbeiten

VIDEOS WERDEN RASCH zum wichtigsten Kommunikationsmittel der Geschäftswelt, des Lernens und der Einflussnahme, und KI-Videotools sind sowohl praktisch als auch leicht zugänglich. Richtig eingesetzt können Sie Ihre Inhalte oder Ideen in professionelle Videos umwandeln. Sie müssen keine Erfahrung in der Videoproduktion haben. Für Unternehmer, Kreative oder alle, die es leid sind, Stockfoto-Websites zu durchsuchen oder für Videodrehs zu bezahlen, eröffnen diese Tools neue Möglichkeiten.

Diese Tools eignen sich hervorragend für alle Arten von Videos, für deren Produktion Sie weder Zeit noch Geld investieren möchten. Denken Sie an kurze Erklärvideos, Avatar-geführte Updates, Schulungen, kurze Demos oder einfache Videoversionen Ihrer Blogbeiträge. Für die meisten Menschen geht es nicht darum, viral zu gehen oder den nächsten TED Talk zu produzieren. Es geht darum, Ihre Botschaft schnell und konsistent dort zu verbreiten, wo sie tatsächlich gesehen wird, ohne dass Sie dafür Ihre wertvolle Zeit aufwenden müssen.

Derzeit schreitet die KI-gestützte Videoerstellung mit einer Geschwindigkeit voran, die nur wenige nachvollziehen können. Ich gehe davon aus, dass die meisten Zuschauer in ein oder zwei Jahren nicht mehr erkennen können, ob ein Schulungsvideo in einem Studio aufgenommen oder vollständig von KI generiert wurde.

Es gibt zwei Hauptarten von KI-Videotools: **Content-to-Video-Tools**, die Ihre vorhandenen Inhalte in Videos umwandeln, und **Prompt-to-Video-Tools**, die aus einem Prompt kurze Clips oder animierte Szenen generieren (Sie sehen: Prompts zu beherrschen ist eine Schlüsselqualifikation.).

Content-to-Video-Tools

Wenn Sie einen fertigen Blogbeitrag oder auch nur einige Notizen haben, sind Sie bereits auf halbem Weg zu einem Video. Hier sind einige der etabliertesten Tools auf dem Markt, wie sie funktionieren und wann sie nützlich sind:

Pictory

Pictory nimmt Ihren Text, unterteilt ihn in Szenen und fügt Stock-Bilder, Musik und Begleitkommentare hinzu. Sie können Bilder austauschen, das Timing anpassen und Farben ändern, um sie an Ihre Marke anzupassen. Ich schätze es für Erklärvideos und kurze LinkedIn-Beiträge, da es schnell ist und die Qualität gut genug ist, sodass ich keinen Videoeditor benötige.

Lumen5

Lumen5 eignet sich hervorragend, um Listenbeiträge oder Schritt-für-Schritt-Anleitungen in kurze Videos umzuwandeln. Sie müssen lediglich Ihren Text einfügen, und das Programm ordnet jedem Punkt

Bildmaterial zu. Es ist nicht so anpassbar wie Pictory, aber es eignet sich hervorragend, um bereits verfasste Inhalte schnell wiederzuverwenden.

HeyGen und Synthesia

Diese Anwendungen sind ideal, wenn Sie eine „moderierende Person“ möchten, ohne selbst vor der Kamera zu stehen. Sie können einen KI-Avatar auswählen, Ihr Skript einfügen und ein Talking-Head-Video erstellen. Sie bestimmen die Stimme, den Akzent, die Kleidung und den Hintergrund. Perfekt für Unternehmensmitteilungen, Einarbeitung neuer Mitarbeiter oder Erklärvideos, bei denen Sie eine menschliche Note wünschen, ohne den Aufwand einer Filmproduktion.

Diese Tools sind besonders nützlich, wenn Sie:

- Schriftliche Inhalte wiederverwenden möchten.
- Ein Markenvideo ohne manuelle Bearbeitung benötigen.
- Häufig Schulungs-, FAQ- oder Onboarding-Videos erstellen.
- Sie möchten lieber nicht vor der Kamera stehen, aber dennoch ein menschliches Gesicht präsentieren.

Tools zur Bearbeitung von KI-Videos

Wenn Sie sich den ersten Entwurf Ihres Videos ansehen, fällt Ihnen möglicherweise auf, dass das Timing nicht stimmt, die Übergänge abgehackt sind oder die Begleitkommentare nicht perfekt zum Bildmaterial passen.

Mit dem Video- und Audiobearbeitungstool **Descript** lassen sich diese Änderungen ganz einfach vornehmen. Sie können unpassende Abschnitte herausschneiden, Szenen neu anordnen oder Untertitel hinzufügen, indem Sie einfach das Videotranskript bearbeiten.

Descript verfügt über KI-Bearbeitungsfunktionen, die auch für Videos geeignet sind, die nicht mit KI erstellt wurden. Sie können diese Videos sogar selbst in der App aufnehmen und anschließend bearbeiten. Descript ist ein hervorragendes Tool für die umfassende Bearbeitung und Wiederverwendung von Audio- und Videodateien. Die Möglichkeit, alle Aufgaben mit einem einzigen Tool zu erledigen, vereinfacht Ihren Arbeitsablauf erheblich.

Wenn Sie kurze Videos für soziale Medien erstellen möchten, ist **CapCut** eine weitere einfache Option. Mit dieser Anwendung können Sie Clips zuschneiden, das Tempo anpassen und Musik oder Branding von Ihrem Smartphone aus hinzufügen.

Probieren Sie es selbst aus: Erstellen Sie ein Avatar-Video

Lassen Sie uns Ihren Blogbeitrag mit HeyGen (oder einem ähnlichen Tool) in ein einfaches Avatar-Video verwandeln.

1. **Registrieren Sie sich für ein kostenloses HeyGen-Konto.**
2. **Wählen Sie einen Avatar und einen Hintergrund,** die zu Ihrem Thema passen.
3. **Kopieren Sie die wichtigsten Punkte aus Ihrem Blogbeitrag** (100–200 Wörter für ein 1–2-minütiges Video).

4. **Wählen Sie Ihre bevorzugte Stimme und Sprache aus.** Passen Sie gegebenenfalls das Tempo an.
5. **Erstellen Sie Ihr Video und überprüfen Sie es.** Ändern Sie bei Bedarf den Avatar, den Hintergrund oder das Skript.
6. **Laden Sie** Ihr Video **herunter und teilen Sie es** in Ihrem Blog, in sozialen Netzwerken oder auf Ihrer Website.

Profi-Tipp: Sollte der Avatar ein Wort oder einen Namen falsch aussprechen, passen Sie Ihr Skript an oder schreiben Sie es phonetisch aus.

Ihr erster Versuch könnte sich etwas steif oder unangenehm anfühlen. Das ist normal. Diese Tools werden immer besser, aber der Schlüssel zum Erfolg liegt in der Wiederholung.

Prompt-to-Video-Tools

Möchten Sie eine kurze animierte Szene oder ein individuelles B-Roll-Video von Grund auf neu erstellen? Prompt-basierte Videos sind noch ein relativ neues Feld, doch die Möglichkeiten sind beeindruckend. Derzeit schränken diese Tools oft die Videolänge ein (in der Regel unter einer Minute, manchmal nur wenige Sekunden), aber das wird sich mit der Weiterentwicklung der Technologie zwangsläufig ändern. Wenn Sie sich jetzt mit diesen Tools vertraut machen, können Sie zu den Vorreitern gehören, wenn sie ausgereifter werden.

Anstatt ein Skript hochzuladen, beschreiben Sie einfach, was Sie in dem Video sehen möchten. Das Tool wandelt Ihre Worte in ein kurzes Video um – manchmal sind das animierte Szenen, surreale Hintergründe oder stilisierte B-Roll-Aufnahmen, die Sie in Ihre anderen Projekte einfügen können. Diese Tools eignen sich hervorragend, um einen Blogbeitrag oder eine Podcast-Episode zum Leben zu erwecken, animierte Hintergründe für Live-Streams oder Verkaufsseiten zu erstellen oder Lücken in Ihren YouTube-Videos zu füllen, für die es kein passendes Stock-Video gibt.

Wie wählen Sie ein Werkzeug für das aus, was Sie erstellen möchten?

Runway Gen-2

Mit Runway Gen-2 können Sie Filmclips in nahezu jedem Stil erstellen, von Retro-Filmkörnung bis hin zu elegantem, modernem Branding. Es kann Animationen in Endlosschleife abspielen, vorhandenes Filmmaterial bearbeiten, Hintergründe ersetzen oder Objekte mitten in einer Szene austauschen. Es eignet sich gut für YouTube-Intros, TikTok-Einstiege und Marken-Hintergründe. Es ist eines der am häufigsten verwendeten Text-zu-Video-Tools und verarbeitet Eingaben auf Absatzebene, sodass Sie äußerst detaillierte Anweisungen geben können. Dies ist von Bedeutung, da Sie eine gesamte Szene in einem Schritt beschreiben können, anstatt sie in kleinere Eingaben aufzuteilen und mehrere kurze Videos zusammenfügen zu müssen. Es ist ideal, wenn Sie genau wissen, was Sie erstellen möchten.

Kaiber

Kaiber verwandelt Standbilder oder Musik in Bewegung. Sie können ein einzelnes Bild animieren, Bilder mit einem Song synchronisieren oder subtile Bewegungsgrafiken für Social-Media-Beiträge erstellen. Ideal für Erklärvideos ohne Gesichter, Musikvideos oder animierte Markengrafiken.

Genmo

Wenn Sie ein Tool benötigen, das kurze Clips erstellen kann, die Sie in größere Projekte einfügen können, könnte Genmo die richtige Wahl sein. Stellen Sie sich das als eine Möglichkeit vor, schnell B-Roll-Material (Zusatzaufnahmen) oder stilisierte Ausschnitte zu generieren, die einer Präsentation, einem YouTube-Video oder einem Social-Media-Beitrag Abwechslung verleihen. Sie können mit Kamerawinkeln, Stimmungen und Stilen experimentieren, dann die Clips speichern, die Ihnen gefallen, und sie direkt in Ihre Inhalte einfügen. Genau wie Runway Gen-2 kann es gut mit ausführlichen Prompts umgehen.

Pika Labs

Kreative und Fachleute nutzen dieses Tool für klare Erklärvideos und Schritt-für-Schritt-Animationen. Sie können komplexe Arbeitsabläufe veranschaulichen oder statische Diagramme mit Bewegung versehen, um das Verständnis zu erleichtern. Kurze Eingaben führen zu besseren Ergebnissen mit diesem Tool, was es ideal für Anfänger macht, die experimentieren möchten.

Synthesia (Scenes Feature)

In Synthesia können Sie mit dieser Funktion einfache Folien in animierte Produktdemos, Onboarding-Abläufe oder Mikrokurse verwandeln. Benutzer fügen Skripte für Avatare oder Erzählungen ein, anstatt eine Szene frei in Textform zu beschreiben. In dieser Hinsicht handelt es sich technisch gesehen eher um ein „Skript-zu-Video"-Tool. Sie können Avatare, Bilder und Text zu einer zusammenhängenden Sequenz mit fließenden Übergängen kombinieren.

KI-Tools zur Videoproduktion

Tool	Am besten geeignet für	Erste Schritte
Runway Gen-2	Erstellung einzigartiger YouTube-Intros, Social-Clips und individueller Hintergründe	Kurze, auffällige Clips erstellen: Stil und Stimmung auswählen, Länge und Bildausschnitt anpassen.
Kaiber	Animieren von Standbildern; Musikvideos synchron zur Tonspur	Bild oder Song hochladen, Stil auswählen und Animationsoptionen in der Vorschau prüfen.
Genmo	Schnelle Videokonzepte für Storyboards und Präsentationen	Schnelle visuelle Ideen skizzieren und mit Stilen experimentieren, bevor die Produktion startet.
Pika Labs	Schnelle Erklärvideos und schrittweise Visualisierungen	Storyboard oder Skript wählen, Pika automatisch Szenen generieren lassen.
Synthesia (Scenes-Feature)	Animierte Produkt-Walkthroughs und Tutorials	Szenen erstellen, um Schritt-für-Schritt-Anleitungen ohne Filmaufnahmen zu animieren.

Verfassen wirkungsvoller Prompts für Videos

Um optimale Ergebnisse zu erzielen, sollten Sie Folgendes in Ihre Videoerstellungsanweisungen aufnehmen:

- **Szene:** *Ein leuchtendes Raumschiff landet in einem nebligen Wald*

- **Stil:** *Cartoon, 3D-Animation, filmisch, Aquarell*
- **Farben/Stimmung:** *warme Pastelltöne, Morgenlicht* oder *Neonfarben, Nachtszene*
- **Kameraführung:** *Überkopfaufnahme, langsamer Zoom, First-Person-Perspektive*
- **Timing:** *10-Sekunden-Clip, Zeitlupe, schnelle Action*
- **Einschränkungen:** *kein Text, keine Gesichter, nur Hintergrund*

Manchmal ist der einfachste Weg, um mit KI-Videotools hervorragende Ergebnisse zu erzielen, sich zunächst ein klares Bild davon zu machen, was Sie erreichen möchten, und dieses dann zu beschreiben, damit die KI es ebenfalls „sehen" kann. Je sensorischer und spezifischer Sie dabei sind, desto einzigartiger wird das Ergebnis sein. Hier sind einige Ideen, um Ihre eigenen zu inspirieren:

Gesichtsloses YouTube-Intro

> *10-sekündiger Clip einer leuchtenden Qualle, die durch einen Unterwasser-Canyon aus biolumineszenten Korallen treibt. Tiefes Blau und Violett, langsame filmische Kameraführung, kein Text.*

Hintergrund für soziale Medien

> *7-Sekunden-Animation von smaragdgrünem, goldenem und purpurrotem Pulver, das in Ultra-Zeitlupe vor schwarzem Hintergrund wirbelt. Sanfte Schleife, ohne Text.*

Podcast-Loop

> *15-sekündiger nahtloser Loop einer Kerzenflamme, die sich in eine Aurora in Blaugrün und Magenta verwandelt. Sanfte Übergänge, dunkler Hintergrund.*

Bildungsszene

12-sekündige Animation von tektonischen Platten, die sich verschieben und eine Gebirgskette bilden. Klarer Bildungsstil, mehrschichtiger Querschnitt, sanfter neutraler Hintergrund.

Produkt-Teaser

8-sekündige Makroaufnahme von Honig, der aus einem Holzlöffel in ein durchsichtiges Glas tropft. Hintergrundbeleuchtung mit warmem goldenem Licht, geringe Schärfentiefe, kein Text.

Auch hier nutzen wir weiterhin Anweisungen, Kontext, Format/Struktur, Einschränkungen und Parameter in unseren Vorgaben für Videos. Wenn Sie sich nicht sicher sind, wo Sie beginnen sollen, beschreiben Sie, was Sie sich als Eröffnungsszene eines YouTube-Videos oder als kurzen Instagram-Reel vorstellen. Sobald Sie das erste Ergebnis sehen, können Sie Ihren Prompt anpassen, um Beleuchtung, Kamerabewegung oder Stil zu optimieren, genau wie Sie es bei Bildern getan haben. Durch diese Vorgehensweise erhalten Sie schnell ein Gefühl dafür, was gut funktioniert.

Wie bereits erwähnt, handelt es sich hierbei noch um einen relativ neuen Bereich. Die Ergebnisse können überraschend sein, manchmal beeindruckend und manchmal ungewöhnlich. Seien Sie bereit, verschiedene Prompts auszuprobieren, um herauszufinden, was am besten funktioniert. Verwenden Sie diese Clips vorerst als „B-Roll“, als Eröffnungssequenzen oder als Blickfang, jedoch nicht für Ihren Hauptinhalt.

Profi-Tipp: Wenn Sie KI-generierte Videos erstellen (insbesondere solche mit Avataren oder Voiceovers), sollten Sie gegenüber Ihrem Publikum transparent sein, wie diese Videos entstanden sind.

In Kontexten wie Bildungsinhalten, Journalismus oder Kundenschulungen erwarten die Zuschauer möglicherweise, zu erfahren, ob die Person auf dem Bildschirm real oder ein KI-Avatar ist.

Es ist überraschend leicht, das Vertrauen Ihres Publikums oder Ihrer Kunden zu verlieren, wenn Sie diesen Schritt überspringen. Überprüfen Sie unbedingt auch Ihre lokalen Gesetze und Plattformregeln, da in einigen Regionen eine Offenlegungspflicht besteht, wenn KI-generierte Inhalte mit einer realen Person verwechselt werden könnten. Vermeiden Sie es, wie bei Texten oder Bildern, persönliche Informationen in hochgeladene Skripte, Fotos oder Referenzvideos einzufügen.

Sind Sie bereit, einen Schritt weiterzugehen? In den nächsten beiden Kapiteln erfahren Sie, wie Sie mithilfe von KI Audioinhalte wie kurze Voiceovers oder vollständige Podcasts erstellen können, um Ihr Toolkit zur Erstellung von Inhalten weiter auszubauen.

7

Sprachaufnahmen mit KI erstellen

DER PODCAST von Arnold Schwarzenegger ist ein hervorragendes Beispiel dafür, was mit Audio-KI möglich ist. Jede Folge klingt authentisch, von seiner Stimme über seinen Akzent bis hin zu seinem Timing, obwohl er kein einziges Wort selbst aufgenommen hat. Wenn man es nicht besser wüsste, würde man schwören, dass er selbst im Studio war. Einige haben geschworen, dass er selbst im Studio *war*, und waren verblüfft, als sie herausfanden, dass es tatsächlich „Arnold Intelligence" war, der ihnen monatelang inspirierende Gesundheits- und Wellness-Ratschläge ins Ohr gesprochen hatte. Aber in jeder einzelnen Folge sagt Arnolds Stimme: „Ich nutze die Kraft von Maschinen, um Ihnen Nachrichten, Informationen und Unterstützung zu liefern, die Ihre Gesundheit fördern. Ich bin kein kybernetischer Organismus, aber ich habe die wichtige Mission, einen positiven Bereich im Internet aufzubauen und die Welt zu verbessern." (*Arnold und sein Team verstehen die Bedeutung von Transparenz.*)

Die Erstellung von Audioinhalten mit KI unterscheidet sich erheblich von herkömmlichen Methoden. Hochwertige Sprachaufnahmen, Musik und Sounddesign sind nun mit nur einem Laptop zugänglich. In wenigen Minuten können Sie natürlich klingende Voiceovers generieren, individuelle Soundtracks oder Alben komponieren und originelle Soundeffekte oder Sonic Branding (akustische Markenführung) entwerfen.

Dieses Kapitel behandelt drei Kernbereiche, in denen generative KI die

Audioproduktion revolutioniert: Sprachsynthese, Musikgenerierung und Sounddesign.

Sie werden erfahren, was diese Tools leisten können, wo sie in Ihren Arbeitsablauf passen und wie Sie sie einsetzen können.

Wenn Sie eine Zielgruppe aufbauen, Schulungen durchführen oder Ihren Inhalten einfach nur einen professionellen Klang verleihen möchten, stehen Ihnen kostengünstige und benutzerfreundliche Tools zur Verfügung. Und angesichts der Geschwindigkeit, mit der sich die generative KI-Technologie weiterentwickelt, werden diese Tools immer besser werden.

Wie KI-Sprachtools die Produktion vereinfachen

Tools zur Sprachgenerierung beseitigen viele der Einschränkungen, die die Audioproduktion verlangsamen. Wenn Sie sich keine Aufnahmegeräte oder Bearbeitungssoftware leisten können, sind diese nun nicht mehr erforderlich. Wenn Sie schnell hochwertige Inhalte veröffentlichen müssen, können Sie dies nun tun – für nur wenige Euro im Monat und mit etwas Experimentierfreude. Darüber hinaus können Sie mit diesen Tools Ihre Inhalte mit wenigen Klicks bearbeiten, aktualisieren und anpassen.

Angenommen, Sie erstellen ein Onboarding-Modul für Neukunden. Anstatt einen Sprecher zu engagieren oder die Aufnahme in einem Durchgang selbst zu erstellen, können Sie das Skript entwerfen, es mit verschiedenen Stimmen testen, die Wiedergabe anpassen, bis sie zu Ihrer Marke passt, und die Audiodatei jederzeit neu generieren, wenn Sie den Text überarbeiten.

Das Ergebnis sind schnellere Durchlaufzeiten, konsistente Ergebnisse und die Freiheit, zu experimentieren, ohne zusätzliche Kosten zu verursachen. Sobald Sie es ausprobiert haben, wird Ihnen die alte Methode langsam, kostspielig und umständlich erscheinen.

Die meisten Tools zur Sprachgenerierung lassen sich in drei Kategorien einteilen:

- **Voreingestellte Sprachbibliotheken** mit einer großen Auswahl an Stimmen, aus denen Sie auswählen und dann Tonhöhe, Geschwindigkeit und Stil anpassen können.
- **Individuelle oder geklonte Stimmen,** die aus von Ihnen bereitgestellten Aufnahmen erstellt werden. KI kann Ihre Stimme oder die Stimme einer anderen Person (mit deren Einwilligung) nachbilden.
- **Mehrsprachige Stimmen**, die dasselbe Skript in mehreren Sprachen wiedergeben können, sodass Sie ein breiteres Publikum erreichen können.

Jede Kategorie hat ihre Vor- und Nachteile. Voreingestellte Bibliotheken sind der schnellste Weg, um loszulegen, aber benutzerdefinierte oder geklonte Stimmen erfordern mehr Einrichtung und bieten Ihnen dennoch eine perfekte Lösung.

Da die Stimmen zu Ihrer Marke passen und mehrsprachig verfügbar sind, können Sie einmal aufnehmen und in mehreren Sprachen veröffentlichen.

Stellen Sie sich einmal vor, wie viel Arbeit es wäre, Ihre Inhalte auf herkömmliche Weise in drei neue Sprachen zu übersetzen. Sie müssten einen Sprecher engagieren, jede Version separat aufnehmen, das Audiomaterial bearbeiten und alles synchronisieren, damit es einheitlich klingt. Die Vorteile dieser Tools liegen auf der Hand.

Die besten Tools zur Sprachgenerierung auf dem Markt

Die folgenden Optionen haben sich in realen Workflows für Kreative, Lehrkräfte und Unternehmer bewährt. Ob Sie einen Podcast, ein Schulungsvideo oder ein Hörbuch produzieren, diese Tools decken nahezu alle Anwendungsfälle ab.

ElevenLabs

Wenn Sie schriftliche Inhalte wie Bücher oder Tutorials in Audioform umwandeln möchten, ist ElevenLabs der Marktführer für besonders natürlich klingende Sprachaufnahmen. Das Tool eignet sich hervorragend für lange Inhalte wie Hörbücher, Kurse oder Dokumentationen. Mit seinen Funktionen können Sie die Audioausgabe an Ihre Inhalte anpassen und einen warmen, gesprächigen Ton oder einen formelleren Tonfall erzeugen. Aufgrund seiner Qualität und Vielseitigkeit sind die Ergebnisse kaum zu übertreffen.

PlayHT

Dieses Tool eignet sich besser für kürzere Inhalte wie Werbespots, Produktdemos oder Social-Media-Videos. Sie haben Zugriff auf Hunderte von Stimmen in mehr als sechzig Sprachen, die Sie sich vor der Auswahl anhören können. Die Auswahl an Akzenten und Sprachen macht es ideal für Projekte, die auf verschiedene Regionen ausgerichtet sind. Für sehr emotionale oder nuancierte Darstellungen klingt ElevenLabs möglicherweise natürlicher.

Murf.ai

Murf.ai eignet sich besonders gut, wenn Sie Ihre Aufnahmen häufig aktualisieren müssen, beispielsweise bei E-Learning-Modulen, Onboarding-Skripten oder Erklärvideos. Mit dem integrierten Editor des Tools können Sie einen Satz austauschen, ein Wort korrigieren oder das Tempo anpassen, ohne die gesamte Aufnahme neu erstellen zu müssen. Die Sprachbibliothek ist kleiner als die von PlayHT und weniger emotional ausdrucksstark als die von ElevenLabs, aber sie ist klar, konsistent und leicht zu überarbeiten (ideal für Inhalte, die sich häufig ändern).

KI-Tools für Audioproduktion

Tool	Am besten geeignet für	Erste Schritte	Zugang
ElevenLabs	Lange Texte (Hörbücher, Kurse, Dokus)	Skript in 2–3 Stimmen testen, dann Stil und Stabilität feinjustieren	Kostenpflichtig; Gratisversion mit Limit
PlayHT	Kurze Inhalte (Werbung, Demos, Social-Media-Videos)	Stimmen in gewünschter Sprache testen, dann Script für Markennamen oder Fachbegriffe durchlaufen lassen	Kostenpflichtig; kostenlose Testphase
Murf.ai	Häufig wechselnde Inhalte (z. B. Schulung, Onboarding, Erklärvideos)	Script einfügen, Stimme wählen, und Beispielbearbeitung durchführen	Kostenpflichtig; kostenlose Testphase

Mit allen drei Tools können Sie Ihre eigene Stimme klonen, um neue Aufnahmen zu erstellen, die genau wie Sie klingen. Sie müssen lediglich eine klare Audioprobe hochladen, und die KI trainiert ein Modell, das Ihrem Tonfall, Ihrer Tonhöhe und Ihrem Sprachstil entspricht. Sie erhalten die beste Qualität für Ihren Stimmklon, wenn Sie eine Audio-Datei in höchstmöglicher Qualität bereitstellen. Einige Tools können Ihren Stimmklon sogar verwenden, um Inhalte in mehreren Sprachen zu produzieren. Es ist zweifellos faszinierend, Ihre Stimme in einer Sprache fließend sprechen zu hören, die Sie noch nie zuvor gesprochen haben.

Rechtlicher Hinweis: Verwenden Sie die Stimme einer anderen Person oder einen überzeugenden KI-Klon davon nicht ohne deren Zustimmung.

In vielen Fällen kann dies gegen Datenschutzgesetze, Persönlichkeitsrechte oder den Schutz geistigen Eigentums verstoßen. Wenn Sie eine von einer KI-Plattform bereitgestellte Stimme verwenden, können Sie davon ausgehen, dass Sie über eine Lizenz für deren Nutzung verfügen. Dies gilt jedoch nicht für das Klonen der Stimme einer realen Person ohne deren Zustimmung. Holen Sie stets eine schriftliche Genehmigung ein, wenn Sie Audioaufnahmen erstellen, die wie eine reale Person klingen, und überprüfen Sie vor der Veröffentlichung die geltenden Gesetze.

Ein praktischer Arbeitsablauf für die KI-Sprachgenerierung

Hier ist der genaue Prozess, den ich verwende, um KI-generierte Sprachaufnahmen in ElevenLabs natürlich und professionell klingen zu lassen. Sie können diese Schritte mit jedem Tool zur Sprachgenerierung befolgen:

1. Beginnen Sie mit einem ausgefeilten Skript.
Ihr Voiceover klingt nur so gut wie Ihr Skript. Lesen Sie es laut vor, um umständliche Formulierungen, fehlende Übergänge, falsche Grammatik oder Zeichensetzung oder Stellen, die sich steif anhören, zu erkennen. Ein Komma an der falschen oder ein fehlender Punkt an der richtigen Stelle kann das Tempo der Aufnahme beeinträchtigen und lässt sie unnatürlich klingen. Ein paar schnelle Änderungen im Vorfeld machen einen großen Unterschied, denn keine KI-Stimme kann einen Satz korrigieren, der nicht natürlich fließt.

2. Wählen Sie eine Stimme, die zu Ihrem Publikum passt.
Überlegen Sie, wer zuhört und auf welchen Ton Ihr Publikum am besten reagiert. Eine warme, gesprächige Stimme eignet sich hervorragend für

Tutorials oder Podcasts, während eine klare, selbstbewusste Stimme eher für Schulungen oder geschäftliche Inhalte geeignet ist. Vermeiden Sie es, eine Stimme nur deshalb auszuwählen, weil sie „cool" klingt. Passen Sie sie an Ihre Botschaft und Ihre Marke an.

3. Legen Sie Ton und Tempo fest

Unterschiedliche Projekte erfordern unterschiedliche Tempi. Lehr- oder Bildungsinhalte profitieren von einem langsameren, bedächtigen Tempo, damit die Zuhörer folgen können. Bei lockeren Erzählungen, fröhlichen Werbespots oder YouTube-Intros sorgt eine etwas schnellere Sprechgeschwindigkeit für mehr Energie. Die meisten Tools ermöglichen eine Feinabstimmung. Probieren Sie mehrere Geschwindigkeiten aus, bevor Sie sich entscheiden.

Viele Plattformen bieten Steuerelemente für „Stil" oder „Emotion" – nutzen Sie diese. Experimentieren Sie mit ruhigen, freundlichen oder energiegeladenen Tönen, bis die Wiedergabe sich richtig anfühlt. Wenn Ihr Thema ernst oder emotional ist, kann eine subtile Betonung wichtiger Ausdrücke dazu beitragen, dass es mehr Wirkung erzielt.

4. Testen Sie in kurzen Abschnitten.

Bevor Sie das gesamte Skript rendern, führen Sie einen kurzen Test mit Markennamen, Akronymen oder Fremdwörtern durch, die die Aussprache erschweren könnten. Passen Sie die Schreibweise an oder fügen Sie bei Bedarf phonetische Hinweise hinzu. Wenn Sie diese Probleme jetzt beheben, müssen Sie später nicht das gesamte Projekt neu erstellen.

Erstellen und überprüfen Sie jeweils nur einige Absätze, bevor Sie die vollständige Aufnahme produzieren. So lassen sich Probleme mit dem Tempo oder seltsame Betonungen leichter erkennen. Sobald ein Abschnitt richtig klingt, speichern Sie ihn und fahren Sie mit dem nächsten fort.

5. Erstellen Sie die vollständige Audioaufnahme.

Dieser Schritt ist einfach. Wenn Sie mit Ihren Testabschnitten zufrieden sind, erstellen Sie die gesamte Aufnahme.

Wenn Sie diesen Prozess einmal durchlaufen haben, verfügen Sie über eine wiederholbare Methode, die kostengünstig, schnell und konsistent ist. Hören Sie sich die vollständige Aufnahme von Anfang bis Ende sorgfältig an. Möglicherweise fallen Ihnen kleine Stellen auf, die angepasst werden könnten, z. B. eine zu lange Pause, ein falsch ausgesprochener Name oder eine Zeile, die etwas mehr Betonung benötigt. Keine Sorge – Sie müssen keine komplizierte Bearbeitungssoftware erlernen oder die gesamte Datei neu erstellen, um dies zu korrigieren. Die meisten Anpassungen können mit nur wenigen Klicks direkt in Ihrem KI-Tool vorgenommen werden.

So bearbeiten und exportieren Sie KI-generierte Audiodateien

Die Bearbeitung sollte erfolgen, nachdem Sie Ihr vollständiges Voiceover generiert und überprüft haben. Selbst bei einem Testlauf können Ihnen nach der Generierung des gesamten Inhalts Probleme mit dem Tempo, Tonfall oder unnatürlichen Formulierungen auffallen, insbesondere bei längeren Inhalten wie Podcasts oder Voiceovers.

Bearbeiten in ElevenLabs (oder einem ähnlichen Tool)

Mit ElevenLabs haben Sie direkte Kontrolle über Tempo, Tonfall und Aussprache. Sie können:

- Geschwindigkeit und Stabilität anpassen, um die Stimme flüssiger oder ausdrucksstärker klingen zu lassen.
- Die Klarheit für eine deutlichere Artikulation oder eine weichere Wiedergabe ändern.
- Pausen hinzufügen oder entfernen, indem Sie direkt in Ihrem Skript Satzzeichen oder Tags wie [Pause] einfügen.
- Fehlerhafte Aussprachen korrigieren, indem Sie den Text anpassen oder schwierige Begriffe phonetisch schreiben.
- Kurze Abschnitte anstelle der gesamten Datei neu generieren, wenn Sie nur eine Zeile oder einen Absatz verfeinern möchten.

Als allgemeine Regel gilt: Wenn das Timing, die Betonung oder die Aussprache eines Wortes *falsch klingt*, passen Sie es in ElevenLabs an. Dort wird die Performance selbst erstellt, und dort wirken sich Änderungen tatsächlich auf den Klang aus.

Wann sollte Descript verwendet werden?

Wenn Sie längere Projekte erstellen oder mehrere Elemente mischen, ist Descript nützlich. Es wurde entwickelt, um alles zusammenzufügen, sobald Ihre Erzählung fertig ist.

Sie können:

- Lange Pausen oder Stille zwischen Abschnitten kürzen.
- Intro- oder Hintergrundmusik hinzufügen, um dem Projekt den letzten Schliff zu geben.
- Die Lautstärke zwischen Erzählung, Musik und Effekten ausgleichen.
- Mehrere Sprachdateien zu einem nahtlosen Track kombinieren.
- Kürzere Clips für soziale Medien, Podcasts oder Unterrichtseinheiten erstellen.

In gewisser Weise ist ElevenLabs wie eine Aufnahmekabine und Descript der Schnittplatz. Sie benötigen nicht für jedes Projekt beide Tools, aber zusammen erleichtern sie den Weg vom ersten Entwurf zum veröffentlichungsfertigen Audio.

Exportieren Ihrer Audioinhalte

Für die meisten Projekte ist eine MP3-Datei perfekt. Sie ist leicht und kann überall hochgeladen werden. Wenn Sie vorhaben, Ihr Audio später mit Musik in einem Tool wie Descript oder mit Soundeffekten zu mischen, exportieren Sie es als WAV-Datei, um eine höhere Qualität und eine einfachere Bearbeitung zu erzielen.

Ihre Worte zum Leben erwecken

Sie haben nun gesehen, wie einfach KI-Tools Ihren schriftlichen Inhalten eine Stimme verleihen können. Sie benötigen nicht einmal ein Mikrofon. Je mehr Sie mit Tempo, Tonfall und Vortragsweise experimentieren, desto natürlicher klingen Ihre Ergebnisse.

Im nächsten Kapitel werden wir untersuchen, wie KI vollständige Musikkompositionen und Sounddesigns generieren kann. Die Kombination von Musik mit Audio-Erzählungen oder Videos kann Ihnen dabei helfen, Ihren Inhalten Rhythmus, Stimmung und Atmosphäre zu verleihen.

8

Musikgenerierung

IM JAHR 2019 veröffentlichte die Indie-Pop-Band *YACHT* ein Album mit dem Titel „Chain Tripping“, das mit Hilfe von KI erstellt wurde. Das Album wurde unter Verwendung mehrerer KI-Plattformen produziert, darunter Amper Music, IBM Watson Beat, Google Magenta und AIVA. Taryn Southern war für die kreative Leitung verantwortlich, verfasste die Texte und Melodien und lieferte die künstlerische Vision, während die KI die Instrumentalkompositionen und Arrangements generierte.

Im Jahr 2018 veröffentlichte die Künstlerin *Taryn Southern „I AM AI“*, das erste Album, das vollständig mit KI komponiert und produziert wurde. Tools wie Amper Music und AIVA generierten die Melodien, Harmonien und Arrangements, während Taryn Southern die Vision und die letzten Produktionsschritte beisteuerte.

Im Jahr 2018 erforderte KI-Musik noch umfangreiche manuelle Nachbearbeitung, um Veröffentlichungsqualität zu erreichen. Mit den heutigen Tools lassen sich Tracks erstellen, die bereits nach dem ersten Durchlauf nahezu fertig sind, *und* Sie haben weitaus mehr Kontrolle über Stil, Arrangement und emotionale Ausdruckskraft.

Sie müssen kein Musiker oder Produzent sein, um mit KI Musik zu erstellen. Wenn Sie Musiker oder Produzent sind, können Sie Klänge, Genres und

Arrangements erkunden, die Sie sonst vielleicht nie ausprobiert hätten. Sie können sofort Instrumente ausprobieren, die Sie nicht besitzen, Stile mischen, die in einem traditionellen Studio nur schwer umzusetzen wären, und mit kreativen Ideen experimentieren, ohne sich um die Kosten oder die Logistik von Aufnahmesessions kümmern zu müssen. KI kann Ihnen völlig neue klangliche Möglichkeiten eröffnen und Ihnen gleichzeitig die Gestaltung des Endergebnisses überlassen.

Ihr Anwendungsfall könnte jedoch wesentlich einfacher sein als ein Album in voller Länge. Möglicherweise benötigen Sie lediglich einige wenige benutzerdefinierte Titel zur Unterstützung Ihrer Inhalte oder möchten etwas, das Sie bereits produzieren, mit einem einzigartigen Sound ergänzen. Audio-KI-Tools können eine Reihe von Audioelementen generieren, die Sie in verschiedene Projekte einbinden können:

- Hintergrundmusik für Videos, Podcasts, Kurse und Live-Streams.
- Titelsongs, die Ihre Markenidentität plattformübergreifend stärken.
- Loops und Stems (einzelne Tonspuren bzw. wiederholbare Sequenzen) für Social-Media-Inhalte, Werbespots oder Produktdemos.
- Adaptive Soundtracks, die ihr Tempo oder ihren Stil entsprechend den Echtzeitereignissen in Spielen oder interaktiven Medien anpassen können.

Da die Musik anhand Ihrer Vorgaben generiert wird, sind Sie nicht auf vorgefertigte Titel beschränkt. Sie können das Tempo festlegen, Instrumente auswählen, die Stimmung definieren und sogar die Struktur der Musik an visuelle Hinweise oder gesprochene Inhalte anpassen. Und da die Lizenzierung in der Regel in die Plattform integriert ist, entfallen die Probleme der herkömmlichen Rechteverwaltung.

Die besten KI-Musiktools

Die Magie der KI-Musik liegt nicht im Drücken der Taste „Generieren“, sondern in den Modellen, die dahinterstehen. Nicht jedes Modell ist gleich, daher ist es wichtig, das richtige Tool für den gewünschten Sound auszuwählen. Jede der unten aufgeführten Plattformen hat ihre eigene Persönlichkeit und ihre eigenen Stärken. Einige zeichnen sich durch cineastische Tiefe aus, andere durch schnelle, flexible Produktion. Der Trick besteht darin, das Tool an Ihre kreativen Absichten anzupassen.

Soundraw

Genauso wie Sie mit ElevenLabs eine Stimme erstellen können, die einzigartig für Sie klingt, können Sie mit Soundraw Musik gestalten, die sich anfühlt, als wäre sie speziell für Ihr Projekt gemacht worden. Sie können das gewünschte Genre, die Stimmung und die Länge auswählen und dann iterative Änderungen vornehmen, indem Sie die Struktur der Musik modifizieren, bestimmte Abschnitte austauschen und anpassen. Das ist ideal für Erklärvideos, Markeninhalte oder überall dort, wo Sie ein einheitliches Erscheinungsbild über mehrere Assets hinweg benötigen. Die Standardlizenz deckt die meisten Online-Anwendungsfälle ab (einschließlich YouTube, soziale Medien und Podcasts). Wenn Sie jedoch vorhaben, die Musik zu verkaufen, in herunterladbaren Produkten zu verwenden oder in kommerzielle Software oder Vorlagen einzubinden, benötigen Sie erweiterte Rechte.

Aiva

Für Projekte, die eine emotionale, filmische Atmosphäre erfordern (z. B. Trailer, dramatische Podcast-Segmente oder Kurzfilme), ist Aiva die beste Wahl. Sie können mit einem voreingestellten Stil beginnen oder eine Melodie oder Akkordfolge als Grundlage verwenden. Die Bearbeitung dauert länger als bei Tools mit schnellerer Durchlaufzeit, aber die Tiefe und Reichhaltigkeit der Arrangements können ein Stück weitaus ausgefeilter wirken lassen.

Boomy

Boomy ist besonders geeignet, wenn Geschwindigkeit wichtiger ist als Feinabstimmung. Wenn Sie Hintergrundmusik für Social-Media-Beiträge, schnelle Demos oder Marketing-Clips benötigen, können Sie innerhalb von Sekunden einen Song erstellen und geringfügige Anpassungen vornehmen. Es ist auch eine einfache Möglichkeit, mit der Veröffentlichung von KI-generierten Tracks auf Streaming-Plattformen zu experimentieren, obwohl die Qualität eher gelegentlich als professionell ist. Es ist ein hervorragender Ausgangspunkt, wenn Sie gerade erst anfangen.

Epidemic Sound

Epidemic Sound ist zwar kein generatives KI-Tool, bereichert Ihr Toolkit jedoch, wenn KI-Tools nicht ganz den gewünschten Sound liefern. Die Bibliothek ist vollständig für die kommerzielle Nutzung lizenziert und enthält Stems, sodass Sie Gesang entfernen oder Instrumente isolieren können. Es ist besonders nützlich für hybride Workflows, z. B. wenn Sie mit einem einzigartigen KI-Track beginnen und dann Elemente aus einer Stock-Quelle einfügen oder ersetzen, um einen ausgefeilteren Endsound zu erzielen.

KI-Tools zur Musikproduktion

Tool	Am besten geeignet für	Erste Schritte	Zugang
Soundraw	Eigene Musik ohne Komposition von Grund auf	Genre, Stimmung & Länge wählen – Struktur & Instrumente nach Wunsch anpassen	Kostenpflichtig; Testversion verfügbar
Aiva	Emotionale, cineastische Musik (Trailer, Podcasts, Kurzfilme)	Stil wählen oder Akkordfolge hochladen, dann Tempo und Ausdruck anpassen	Kostenpflichtig; begrenzte Gratisversion
Boomy	Superschnelle Tracks für Social-Media oder Demos	Genre wählen, Song generieren, bei Bedarf leicht bearbeiten	Kostenlos und kostenpflichtig
Epidemic Sound	Lizenzierte Musik für KI-Workflows und Stock-Videos	Nach Stimmung oder Instrument suchen, Stems downloaden und mit KI-Tracks kombinieren	Kostenpflichtig

---

Profi-Tipp: Genau wie bei anderen Formen von KI-generierten Inhalten, die wir bisher besprochen haben, ist es am besten, offen zu sein, wenn Sie KI-generierte Audiodateien oder Musik in Ihren Inhalten verwenden.

Dies gilt insbesondere in Kontexten wie Schulungen, Kundenarbeit oder öffentlich zugänglichen Inhalten. Es ist ein einfacher Schritt, der wesentlich dazu beiträgt, das Vertrauen und die Glaubwürdigkeit Ihres Publikums zu erhalten.

So erzielen Sie mit KI-Musiktools großartige Ergebnisse

Nicht alle KI-Musikgeneratoren funktionieren auf die gleiche Weise. Bei einigen Tools wie **Suno**, **Udio** oder **Mubert** können Sie Eingaben wie bei ChatGPT oder

Midjourney machen. Sie können Genre, Emotion, Instrumente, Struktur und Energiepegel in einfachem Englisch beschreiben.

Andere, wie Soundraw oder Aiva, verwenden Dropdown-Menüs, in denen Sie das Genre, die Stimmung und das Tempo auswählen können, anstatt eine vollständige Beschreibung zu verfassen. Und einige wenige, wie Mubert Studio, kombinieren beide Methoden: Sie wählen einen Basisstil und verfeinern ihn dann mit einer kurzen Textvorgabe.

Unabhängig von der Benutzeroberfläche ist das Ziel dasselbe: zu kommunizieren, wie sich die Musik *anfühlen* soll. Wenn Sie der KI vage Eingaben machen, erhalten Sie vage Ergebnisse. „Upbeat Pop" oder „Cinematic Orchestra" werden etwas Generisches hervorbringen, das in jede Stock-Musikbibliothek passen könnte. Die Tracks klingen wahrscheinlich ausgefeilt, aber emotional flach, mit den gleichen vorhersehbaren Akkordfolgen und Loops, die Sie schon in Dutzenden von YouTube-Werbespots gehört haben.

Das Ziel ist hier nicht nur, Musik zu bekommen. Es geht darum, **Ihre eigene** Musik zu bekommen – etwas, das so klingt, als gehöre es zu Ihren Inhalten und Ihrer Marke. Der Unterschied zwischen „brauchbar" und „authentisch" liegt fast immer darin, wie spezifisch Ihre Eingabe ist.

So erreichen Sie das:

1. Beginnen Sie mit der Stimmung.
Fragen Sie sich, was Ihr Publikum fühlen soll, wenn es diesen Track hört. Ruhe? Begeisterung? Konzentration? Inspiration? Diese Emotion ist der Anker für alles andere.

2. Fügen Sie eine Kulisse oder eine Geschichte hinzu.
Stellen Sie sich vor, Sie beschreiben einem Komponisten eine Filmszene. Sagen Sie statt „energetischer Rock“ lieber „hochenergetischer Rock mit einem gleichmäßigen Schlagzeugbeat und hellen Gitarrenriffs, als würde eine Menschenmenge bei einem Sommerfestival mitklatschen“.

3. Seien Sie konkret, was die Instrumente angeht.
Wenn Sie wissen, was Ihnen gefällt, nennen Sie es: Klavier, Akustikgitarre, Streicher, sanfte Synth-Pads. Je genauer Sie sind, desto weniger „vorlagenhaft“ wird Ihr Track klingen.

4. Denken Sie über die Struktur nach.
Möchten Sie eine gleichmäßige Hintergrundschleife, einen Aufbau, der in einen Refrain mündet, oder kurze Einblendungen für Werbespots? Die Struktur sagt der KI, wie die Musik fließen soll, nicht nur, wie sie klingen soll.

5. Passen Sie sie an Ihre Bilder oder Ihr Skript an.
Wenn Ihr Video nach 45 Sekunden eine große Enthüllung enthält, weisen Sie die KI an, langsam aufzubauen und genau dort einen Höhepunkt zu erreichen. Das ist der Unterschied zwischen „schöner Musik" und „Musik, die sich wie maßgeschneidert anfühlt".

6. Verfeinern Sie, geben Sie sich nicht zufrieden.
Der erste Track ist selten perfekt. Der gleiche Iterationsprozess, den Sie für die Erstellung von Text, Bildern und Videos verwenden, gilt auch für Musik. Optimieren Sie die Stimmung, tauschen Sie Instrumente aus, passen Sie das Tempo an und rendern Sie Abschnitte neu, bis Sie mit dem Endergebnis zufrieden sind. Auch Bands proben, oder?
Wenn Ihr erster Track zu langsam oder dramatisch klingt, bitten Sie die KI, „das Tempo leicht zu erhöhen" oder „den Hall für einen klareren Klang zu reduzieren". Kleine Änderungen können viel bewirken. Die meisten Tools verfügen auch über einfache Schieberegler oder Dropdown-Menüs, um Tempo, Energie und Instrumentierung anzupassen. Probieren Sie jeweils nur eine Änderung aus, damit Sie hören können, wie sich das Gefühl verändert.

Profi-Tipp: Wenn Sie nicht weiterkommen, bitten Sie eine dialogorientierte KI wie ChatGPT, Ihnen beim Verfassen eines kurzen, strukturierten *Prompts* zu helfen, bevor Sie ihn in Ihr Musiktool einfügen.

Eine einfache Anfrage wie *„Schreibe einen prägnanten Prompt (unter 25 Wörtern) für einen fröhlichen 60-Sekunden-Akustik-Track für ein motivierendes YouTube-Video-Intro"* kann Ihnen eine Menge Versuch und Irrtum ersparen.

ChatGPT könnte Ihnen beispielsweise Folgendes vorschlagen:

Heller, beschwingter Akustikgitarrentrack mit leichter Percussion und sanften

Klavierklängen. Dur-Tonart, gleichmäßiges Tempo um 100 BPM, warmer und motivierender Klang.

Das ist kurz genug, um es direkt in Tools wie Suno, Udio oder Mubert einzufügen, und dennoch klar in Bezug auf Stil, Stimmung und Tempo.

Wenn Sie ein Dropdown-basiertes Tool wie Soundraw oder Aiva verwenden, können Sie dieselbe Beschreibung als Leitfaden für Ihre Einstellungen verwenden. Wählen Sie als Genre „akustisch" oder „Pop-Akustik", stellen Sie das Tempo auf etwa 100 BPM ein und wählen Sie Stimmungen wie „beschwingt" oder „motivierend".

Wenn Sie sich nicht sicher sind, welche Art von Musik zu Ihren Inhalten passt, gehen Sie einen Schritt zurück und fragen Sie ChatGPT zuerst nach Ideen. Zum Beispiel:

Schlagen Sie drei Hintergrundmusikstile für ein anfängerfreundliches Programmier-Tutorial vor.

Diese Art des Hin und Her hilft Ihnen, Ihre kreative Absicht zu klären, bevor Sie überhaupt eine Musik-App öffnen, was Ihnen Zeit und Frustration erspart, sobald Sie mit der Erstellung von Tracks beginnen.

Wie man Schritt für Schritt Musik erstellt

Wenn Sie zum ersten Mal damit arbeiten, sind Soundraw oder Boomy am einfachsten zu erlernen und liefern schnell brauchbare Ergebnisse.

1. Wählen Sie ein Einsteiger-Tool und öffnen Sie einen neuen Track.
Für die meisten Anfänger sind Suno oder Soundraw die besten Einstiegsmöglichkeiten. Wählen Sie ein Tool basierend auf dem gewünschten Eingabestil. Wenn Sie es vorziehen, vollständige Beschreibungen in natürlicher Sprache wie in ChatGPT einzugeben, beginnen Sie mit Suno. Wenn Sie lieber aus Dropdown-Menüs und Schiebereglern auswählen möchten, ist Soundraw eine der einfachsten visuellen Oberflächen für Anfänger.

2. Legen Sie den Stil und die Stimmung fest.
Vielleicht ist es ein sanfter Lo-Fi-Beat mit leisen Percussions oder ein heller

Akustik-Track mit einem gleichmäßigen Rhythmus. Wählen Sie dies zuerst aus – es wird alle weiteren Entscheidungen beeinflussen.

3. Entscheiden Sie, wie Sie den Track verwenden möchten, und wählen Sie dann die Struktur aus.
Ein Loop-Hintergrund erfordert einen anderen Ansatz als ein 90-sekündiges Podcast-Intro. Einige Projekte erfordern ein klares Vers-Refrain-Arrangement, andere funktionieren besser als kontinuierlicher Aufbau. Die Beschränkung auf bestimmte Instrumente (z. B. nur Klavier und Streicher) trägt dazu bei, den Klang klar und konsistent zu halten.

4. Vorschau und Wiederholung.
Auf den meisten Plattformen können Sie vor der endgültigen Entscheidung einen kurzen Ausschnitt anhören. Dies ist der richtige Zeitpunkt, um das Tempo zu optimieren, Instrumente auszutauschen oder nach einer Variation zu fragen, bis die Musik den gewünschten Klang hat.

5. Exportieren Sie im richtigen Format.
MP3 für die schnelle Veröffentlichung. WAV, wenn Sie mischen oder bearbeiten möchten, oder Stems, wenn Sie die volle Kontrolle über jede Instrumentenspur haben möchten.

Sie können zehn verschiedene Stimmungen ausprobieren in der Zeit, die Sie benötigen würden, um einen Titel aus einer herkömmlichen Musikbibliothek anzuhören. Je mehr Sie experimentieren, desto schneller finden Sie heraus, welche Klänge zu Ihrem Stil und Ihrem Publikum passen.

Probieren Sie es selbst aus: Verwandeln Sie Ihren Blogbeitrag in einen Podcast

Nachdem Sie nun gesehen haben, wie KI sowohl mit Erzählungen als auch mit Musik umgehen kann, ist es an der Zeit, diese beiden Elemente zusammenzuführen. Sie werden ElevenLabs verwenden, um einen von Ihnen geschriebenen Blogbeitrag zu erzählen, und dann einen Soundraw-Hintergrundtrack hinzufügen, der zum Ton passt.

Schritt 1: Vorbereitung des Skripts

Rufen Sie den Inhalt auf, den Sie im letzten Kapitel in ein Video umgewandelt haben (Ihr Text aus Kapitel 4). Lesen Sie ihn laut vor, um zu sehen, wie er klingt, und nehmen Sie gegebenenfalls Änderungen vor, um den Fluss zu verbessern.

Schritt 2: Sprachgenerierung

- Registrieren Sie sich für ein kostenloses ElevenLabs-Konto
- Fügen Sie Ihr Skript ein und wählen Sie eine Stimme, die Ihnen gefällt
- Stellen Sie die Stabilität auf 75 % und die Klarheit auf 60 % ein
- Generieren und laden Sie die Datei als MP3 herunter

Schritt 3: Musik auswählen

- Registrieren Sie sich für eine Soundraw-Testversion
- Wählen Sie eine 15-sekündige Intro-Musik mit passender Stimmung aus
- Als MP3 herunterladen
- Wenn Sie sich inspiriert fühlen, probieren Sie Aiva oder Boomy aus, um Ihren eigenen Track zu erstellen

Schritt 4: Zusammenstellen

Sie können Ihren Podcast in Descript zusammenstellen oder, wenn Sie möchten, Audacity (kostenlos) oder GarageBand (Mac) verwenden.

- Sprachdateien importieren
- Intro-Musik hinzufügen, nach 12 Sekunden ausblenden
- Musik unter der Sprache bei 15 % Lautstärke halten
- Als MP3 exportieren: 128 kbps

Schritt 5: Veröffentlichen

Laden Sie den Podcast auf Anchor.fm auf Spotify (kostenlos) oder Ihrem bevorzugten Host hoch.

Wenn Sie sich nur auf ein grobes erstes Produkt konzentrieren, sollten Sie all dies in maximal 30 Minuten erledigen können.

Sie haben nun einen einfachen multimodalen Workflow erstellt, der als Ihre Idee begann, sich in einen schriftlichen Inhalt verwandelte und nun als Audio mit

Musik vorliegt. Der gleiche Prozess lässt sich leicht skalieren. Sie können Ihren Blogbeitrag wiederverwenden, um Kurse, Marketinginhalte oder vollständige Podcast-Episoden zu produzieren. Im nächsten Kapitel verbinden Sie mehrere Tools, um zusammenhängende, wirkungsvolle Projekte zu erstellen, die Text, Bildmaterial, Audio und Automatisierung miteinander verbinden.

9

KI-Tools kombinieren: Wiederholbare Workflows aufbauen

AN DIESER STELLE des Buches haben Sie bereits konversationelle KI zum Verfassen von Inhalten eingesetzt, ein passendes Bild erstellt, es in ein Video umgewandelt und sogar in Audio umgewandelt. Sie haben gesehen, wie jedes dieser Tools für sich allein etwas Wertvolles hervorbringen kann. Wenn Sie sie jedoch zu einem größeren Projekt zusammenführen, schaffen Sie einen *multimodalen Workflow.* Dieser Ansatz ermöglicht es Ihnen, eine einzige Idee in verschiedenen Formaten zu vermitteln und so ihre Reichweite und Wirkung zu vergrößern und gleichzeitig Zeit und Aufwand zu sparen.

Statt Aufgaben nacheinander abzuarbeiten, können Sie verschiedene Tools miteinander verknüpfen, sodass sie alle Teile eines größeren Projekts abdecken. Sobald Sie aufhören, über einzelne Tools nachzudenken, und anfangen, Systeme aufzubauen, arbeiten Sie auf einer ganz neuen Stufe. Es spielt keine Rolle, ob Sie eine Hochzeit planen, Haushaltsabläufe organisieren, ein Unternehmen aufbauen oder Familienerinnerungen bewahren möchten. Eine einzige Idee wird zum Ausgangspunkt für mehrere nützliche Ressourcen, die sich gegenseitig ergänzen.

Sie haben bereits Ihren ersten multimodalen Workflow erstellt, ohne es zu bemerken. In diesem Kapitel erfahren Sie mehr darüber, wie Sie multimodale Workflows für Projekte jeder Größe und jedes Zwecks entwerfen können, zum Beispiel:

- Verpacken Sie Ihr Fachwissen in einen Mini-Onlinekurs mit Unterrichtsskripten, markenspezifischen Präsentationen und kommentierten Anleitungen.
- Erstellen Sie eine Zusammenfassung der Veranstaltung, die gemeinsame Geschichten, Gruppenfotos und kurze Videointerviews von Teilnehmern kombiniert.
- Erstellen Sie eine Musik-Playlist mit individuell gestalteten Covern, einer kurzen Hintergrundgeschichte zu jedem Song und einer begleitenden Videomontage.
- Erstellen Sie einen persönlichen „Jahresrückblick“, der schriftliche Reflexionen, Lieblingsfotos und Sprachaufnahmen von Freunden oder Familienmitgliedern vereint.

Dies sind nur einige Beispiele. Die Möglichkeiten erweitern sich enorm, sobald Sie erkennen, wie sich die einzelnen Teile zusammenfügen lassen.

Die Fähigkeit zu erkennen, welche Tools Sie kombinieren können, um etwas zu schaffen, ist der Punkt, an dem Ihre KI-Kenntnisse die nächste Stufe erreichen. Dann hören Sie auf, Tools isoliert zu verwenden, und beginnen darüber nachzudenken, wie sie zusammenwirken. Hier beginnen Sie, eine Denkweise zu entwickeln, mit der Sie KI nutzen, um Ihre Möglichkeiten zu erweitern.

Chancen für multimodale Workflows erkennen

Sie haben nun erkannt, wie wirkungsvoll es sein kann, eine Idee auf verschiedene Formate auszuweiten. Der nächste Schritt besteht darin, die Projekte, Probleme und wiederkehrenden Aufgaben in Ihrem eigenen Leben *zu identifizieren*, die sich ideal für einen multimodalen Arbeitsablauf eignen.

Um den größtmöglichen Nutzen aus einem multimodalen Workflow zu ziehen, sollte es sich idealerweise um eine wiederkehrende Aufgabe handeln, die viel Zeit in Anspruch nimmt.

Wo du anfangen solltest

Überlegen Sie sich eine wiederkehrende Aufgabe in Ihrem beruflichen oder privaten Umfeld, die mehrere Komponenten oder Schritte umfasst. Hier sind einige Ideen, die Ihnen beim Brainstorming helfen können:

- **Prozesse, bei denen Sie erklären, zeigen, erinnern und nachfassen**. Beispiele hierfür sind die Einarbeitung eines neuen Kunden, die Schulung eines Teammitglieds oder die Begleitung einer Person bei einem DIY-Projekt.
- **Projekte, die sowohl eine Planungs- als auch eine Ausführungsphase erfordern**, wie beispielsweise die Einführung eines Produkts, die Planung einer Veranstaltung oder die Produktion eines Podcasts.
- **Situationen, in denen verschiedene Personen unterschiedliche Arten von Informationen benötigen**, beispielsweise um Stakeholder über ein Projekt auf dem Laufenden zu halten, Patientenanweisungen für einen medizinischen Eingriff zu erstellen oder Richtlinien an Mitarbeiter und Kunden zu kommunizieren.
- **Aktivitäten, die Recherche, Erstellung und Weitergabe von Informationen umfassen**. Dies kann das Verfassen einer Marktanalyse, die Erstellung von Bildungsmaterialien oder die Erstellung eines persönlichen Portfolios sein.
- **Aufgaben, die sowohl Vorbereitung als auch Dokumentation erfordern**, wie beispielsweise die Planung eines Renovierungsprojekts, die Organisation einer Wohltätigkeitsveranstaltung oder die Dokumentation eines komplexen Rezepts für ein Kochbuch.

Im Gegensatz dazu sind Aufgaben wie das Verfassen einer einzelnen E-Mail, das Erstellen eines Social-Media-Beitrags oder die Beantwortung einer kurzen Frage zu einfach, um einen Workflow zu erfordern.

Wenn Sie als Designer oder Berater ständig neuen Kunden Ihren Prozess erläutern müssen, beachten Sie, wie viele Aufgaben dies tatsächlich umfasst und welche KI-Tools Sie nun kennen, die Ihnen bei jedem Schritt helfen könnten:

1. Kundenfragen analysieren.
Verwenden Sie ChatGPT, um frühere E-Mails zu prüfen und die häufigsten Fragen oder Anliegen Ihrer Kund:innen zu identifizieren, die Sie frühzeitig im Prozess ansprechen sollten.

2. Willkommenspaket erstellen.
Nutzen Sie Claude, um ein professionelles PDF zu entwerfen, das Erwartungen, Zeitpläne und Lieferumfänge für neue Kund:innen klar definiert.

3. Visuelle Projektzeitleiste gestalten.
Erstellen Sie in Canva eine gebrandete Roadmap, die wichtige Meilensteine hervorhebt und relevante Beispiele oder vergangene Arbeiten zeigt.

4. Persönliches Einführungsvideo aufnehmen.
Erstellen Sie mit Synthesia ein etwa zweiminütiges Begrüßungsvideo, in dem Sie sich vorstellen und den Ablauf der nächsten Schritte erklären.

5. Audio-FAQ aufnehmen.
Verwenden Sie ElevenLabs, um kurze Antworten auf Ihre fünf häufigsten Kundenfragen in Ihrer eigenen Stimme aufzunehmen.

6. E-Mail-Automatisierung einrichten.
Erstellen Sie eine Sequenz, die Onboarding-Materialien und Erinnerungen zum richtigen Zeitpunkt über Ihre bevorzugte E-Mail-Plattform versendet.

7. Kundenportal einrichten.
Gestalten Sie eine übersichtliche Seite oder einen Ordner, der alle Ressourcen, Links und Materialien an einem leicht zugänglichen Ort bündelt.

Oder wenn Sie Ihr Jahr in weniger als einer Stunde zu einem teilbaren Video zusammenfassen möchten, das sich perfekt für Silvester eignet:

1. Alles an einem Ort sammeln.
Synchronisieren Sie Ihr iPhone und alle anderen Geräte mit Google Fotos, damit Ihre Bilder und Videos automatisch nach Datum sortiert werden.
2. Beste Momente automatisch kuratieren.
Verwenden Sie Google Fotos Highlights oder Adobe Lightroom Auto Curate, um unscharfe Aufnahmen, Duplikate und Screenshots sofort herauszufiltern. So entsteht eine übersichtliche, chronologische Sammlung.
3. Hintergrundmusik hinzufügen.
Erstellen Sie mit Soundraw einen Instrumentaltitel, der zur gewünschten Stimmung passt (z. B. beschwingt, nostalgisch oder filmisch).
4. Video zusammenstellen.
Laden Sie Ihre ausgewählten Fotos und Videos in Pictory, Canva oder CapCut hoch, um automatisch eine chronologische Montage mit Ihrer Musik zu erstellen.
5. Einfach teilen.

Exportieren Sie das Video und teilen Sie es direkt über einen privaten YouTube-Link, eine WhatsApp-Familiengruppe oder einen gemeinsamen Google-Drive-Ordner, damit alle es an Silvester ansehen können.

Die Stärke eines multimodalen Workflows liegt darin, dass jeder Schritt auf dem vorherigen aufbaut. Die Recherche prägt Ihr Schreiben, das wiederum Ihre visuellen Elemente beeinflusst, die wiederum Ihre Auswahl der Audioelemente leiten, und all dies fließt schließlich in ein Video ein. Jedes Element stärkt die anderen, und am Ende haben Sie etwas Originelles geschaffen, das größer, besser und wirkungsvoller ist als die Summe seiner KI-generierten Teile.

Sobald man beginnt, multimodal zu denken, wird schnell klar, wie derselbe Ansatz bei völlig unterschiedlichen Projekten funktionieren kann.

Präsentationen

Wenn Sie beispielsweise eine Präsentation erstellen, könnten Sie zunächst mit Perplexity eine Recherchebasis aufbauen, um Fakten, Beispiele und Zitate zu finden. Anschließend würden Sie zu ChatGPT wechseln, um diese Ergebnisse in strukturierte Gesprächspunkte umzuwandeln, und mit Midjourney individuelle Grafiken erstellen. Schließlich kann Canva AI alles zu einer ansprechenden Folie zusammenfassen, die Sie präsentieren oder teilen können.

Lerninhalte

Wenn Sie Lehrinhalte zu einem Thema entwickeln möchten, mit dem Sie sich gut auskennen, können Sie ChatGPT verwenden, um eine prägnante Lektion oder Erklärung zu erstellen, die ein Thema in einfache, umsetzbare Schritte unterteilt. Erstellen Sie mit Canva AI unterstützende Grafiken (wie Diagramme, Vergleichstabellen oder Prozesskarten). Nehmen Sie mit ElevenLabs einen Kommentar auf und kombinieren Sie alles zu einem kurzen

Anleitungsvideo mit Pictory, um Materialien zu erhalten, die für visuelle, auditive und videobasierte Lernende geeignet sind.

Event- oder Projektplanung

Bei der Planung einer Veranstaltung oder eines Projekts können Sie Perplexity nutzen, um Veranstaltungsorte, Attraktionen, Materialien oder Projektanforderungen zu recherchieren. Anschließend geben Sie Ihre Recherchen in Claude ein, um einen Plan zu erstellen, der die Arbeit in Schritte, Zeitpläne und Verantwortlichkeiten unterteilt. Abschließend erstellen Sie in Canva AI eine visuelle Roadmap mit Bildern, Karten oder Prozessdiagrammen und speichern dann alle Dateien, Checklisten und Aktualisierungen in einem gemeinsamen Arbeitsbereich, wie beispielsweise Google Drive oder Notion.

Die Projekte mögen unterschiedlich sein, aber das Prinzip ist dasselbe. Sie müssen auch nicht bei jedem Projekt von Anfang an genau wissen, welche Tools Sie verwenden werden. Sie können nur zwei Tools verwenden oder so viele, wie Sie benötigen. Sie können die Dinge sogar einfach halten, indem Sie für Text, Bilder und Videos vollständig bei ChatGPT bleiben.

—Forschung mit dem GPT-5-Denkmodell betreiben, Bilder mit DALL-E generieren oder Videos mit dem integrierten Videogenerator **Sora** erstellen (der nur mit einem kostenpflichtigen ChatGPT-Abonnement verfügbar ist).

Hier finden Sie eine Übersicht über eine Reihe von KI-Tools, sortiert nach Verwendungszweck. Wählen Sie bei der Gestaltung Ihres Workflows einfach ein oder zwei Tools aus jeder Kategorie aus. Das Ziel besteht nicht darin, möglichst viele Tools zu verwenden, sondern die richtigen für die jeweilige Aufgabe auszuwählen.

KI-Tool-Stack

Kategorie	Tool(s)	Einsatzbereich
Recherche	Perplexity	Liefert verlässliche Informationen (kostenlose Version verfügbar)
Texterstellung	Claude, ChatGPT	Standardtools für längere Texte (kostenlose Versionen verfügbar)
Visuelle Inhalte	Canva, DALL·E, Midjourney	Grafiken & Designs – Canva ist besonders einsteigerfreundlich durch Vorlagen
Video	Pictory, Synthesia, Canva	Erklärvideos oder Avatar-Videos – Canva am einfachsten für Einsteiger
Videoschnitt	Descript, OpenShot, DaVinci Resolve	Bearbeitung von Videos – OpenShot und DaVinci sind kostenlose Alternativen
Stimme	Murf AI, ElevenLabs, Text-to-Speech	Natürlich klingende KI-Stimmen erzeugen – integrierte TTS kostenlos verfügbar
Musik/SFX	Soundraw, Mubert, YouTube Audio Library	Musik & Soundeffekte für kommerzielle Nutzung (YouTube Library ist kostenlos)

Wenn Sie mehr Erfahrung sammeln und beginnen zu verstehen, was jedes KI-Tool für Konversationen am besten kann, können Sie verschiedene Tools kombinieren, indem Sie Recherchen aus Perplexity ziehen, Texte in Claude verfeinern und Assets in ChatGPT kombinieren. Zu Beginn ist ein solches Maß an Komplexität jedoch nicht erforderlich. Perplexity greift immer auf das Live-Internet zu, und die Pro-Tarife von ChatGPT umfassen das Browsen. In beiden Fällen können Sie also einen gesamten Workflow abschließen, ohne ein einziges Tool verlassen zu müssen.

Galaxy.ai: Eine zentrale Plattform für die Inhaltserstellung

Von allen vorgestellten Tools könnte dieses das vielseitigste sein. Bisher haben wir uns Workflows angesehen, die mehrere spezialisierte Tools kombinieren. Dies ist häufig der flexibelste Ansatz, da Sie für jeden Schritt die beste App auswählen können. Das Wechseln zwischen Registerkarten, das Kopieren und Einfügen sowie das Verschieben von Dateien kann jedoch zu einer zeitaufwändigen Tätigkeit werden. Mit generativer KI versuchen wir, dies zu vermeiden.

Hier kann eine Komplettlösung wie Galaxy.ai Ihre Arbeitsabläufe noch weiter vereinfachen. Galaxy.ai bietet mehr als 3000 Tools, die alle in einer Benutzeroberfläche integriert sind, sodass Sie alles, was Sie bisher gelernt haben, in einer einzigen Anwendung ausführen können. Dazu gehören Generatoren für Text, Bilder und Videos sowie eine Prompt-Bibliothek, die Ihnen den Einstieg erleichtert. Sie haben Zugriff auf die neuesten Modelle, sei es GPT-5, Claude Opus 4.1 (die neuesten LLMs von ChatGPT und Claude) oder Pika Turbo V2, wenn Sie Videos erstellen. Sie können für jeden Schritt das gewünschte Modell auswählen und den gesamten Prozess ausführen, ohne die Plattform zu verlassen.

Galaxy.ai umfasst auch Extras wie einen Headshot-Generator, einen Stimmkloner, Illustrations- und Thumbnail-Ersteller, ein Innenarchitektur-Tool und sogar Musikgenerierung. Es ersetzt zwar nicht jedes Spezialtool, aber wenn Sie eine reibungslosere Erfahrung und weniger verschiedene Komponenten wünschen, kann ein integriertes System wie Galaxy.ai die Arbeit erheblich vereinfachen.

Probieren Sie es selbst aus: Entwerfen Sie einen multimodalen Workflow

In diesem Schritt verbinden Sie noch keine Tools und automatisieren auch noch nichts. Stattdessen gehen wir einen Schritt zurück und skizzieren den Entwurf für etwas, das Ihnen später viel Zeit sparen könnte. Das Ziel ist es, den Ablauf klar zu erkennen, bevor Sie überhaupt ein Tool öffnen. Es mag sich seltsam anfühlen, Zeit mit der Planung zu verbringen, ohne etwas zu erstellen, aber genau das stärkt Ihr

Denken in Bezug auf „KI-Systeme“ und macht den eigentlichen Erstellungsprozess später schneller, reibungsloser und damit effektiver.

1. **Wählen Sie ein konkretes Problem, das Sie lösen möchten.** Überlegen Sie sich etwas, das in Ihrem beruflichen oder privaten Leben häufig vorkommt und von einem wiederholbaren Prozess profitieren könnte (z. B. die Einführung eines Produkts, die Planung einer Veranstaltung, die Erstellung wöchentlicher Inhalte oder die Organisation von Informationen).
2. **Teilen Sie es in 4–5 einzelne Schritte auf.** Notieren Sie die wichtigsten Phasen des Prozesses (z. B.: Recherche → Entwurf → Visualisierung → Überprüfung). Überlegen Sie nicht zu lange. Sie benötigen lediglich die wichtigsten Bausteine.
3. **Identifizieren Sie den Ausgangspunkt.** Die meisten Arbeitsabläufe beginnen mit Recherchen oder einem zentralen Inhalt. Entscheiden Sie, was Ihre erste „Anker“-Aufgabe sein soll.
4. **Verbinden Sie die Schritte miteinander.** Beschreiben Sie für jeden Schritt, wie er in den nächsten übergeht. So können Sie erkennen, wie die einzelnen Teile aufeinander aufbauen, um ein zusammenhängendes Ganzes zu schaffen.
5. **Wählen Sie für jeden Schritt die entsprechenden Tools aus.** Entscheiden Sie sich für die Tools, die Sie *wahrscheinlich* verwenden werden (auch wenn Sie diese noch nie zuvor genutzt haben). Dies kann so einfach sein wie „ChatGPT für Recherchen“ oder „Canva für Grafiken“.
6. **Überlegen Sie sich,** wo **Sie Ihre Daten speichern und** wie Sie **sie teilen** möchten. Notieren Sie sich, wo die Assets gespeichert werden sollen und wie Sie das Endergebnis teilen möchten, auch wenn es nur „in Google Drive speichern“ und „Link per E-Mail an Kunden senden“ ist.

Wenn Sie fertig sind, sollten Sie einen Überblick über einen vollständigen multimodalen Workflow haben, den Sie verfeinern und schließlich ausbauen können, wenn Sie bereit sind.

Skalierung Ihrer Workflows

Nachdem Sie Ihre ersten multimodalen Workflows erstellt haben, besteht der nächste Schritt darin, KI und Automatisierung die Routineaufgaben automatisch erledigen zu lassen. Möglicherweise denken Sie: „Es gibt keine Routineaufgaben mehr! Ich spare bereits so viel Zeit mit KI.“ Aufgaben wie das Formulieren von

Prompts, das Warten auf Antworten, das Kopieren und Einfügen sowie das Wechseln zwischen Tools erfordern jedoch nach wie vor Zeit und geistige Energie. Generative KI kann die Erstellung von Inhalten von Tagen oder Stunden auf weniger als eine Stunde verkürzen, aber durch Automatisierung lässt sich dieser Zeitaufwand noch weiter reduzieren, manchmal sogar auf einen *einzigen Klick.*

Ich nutze einen Make.com-Workflow, der automatisch ein bestimmtes YouTube-Thema recherchiert, indem er mithilfe eines Scrapers die Transkripte der drei besten Videos zu einem Stichwort extrahiert. Anschließend werden die Transkripte an ChatGPT gesendet, um einen groben Entwurf für ein neues Video zu erstellen, den ich dann mit meinem persönlichen Stil ergänze. Sobald ich den Entwurf fertiggestellt habe, wird er durch eine weitere Automatisierung in einen anderen dialogorientierten KI-Prompt eingespeist, um ein vollständiges Skript zu generieren.

Mit etwas technischem Know-how könnte ich noch einen Schritt weitergehen, indem ich das Skript an HeyGen zur Erstellung von KI-Videos weiterleite, das fertige Video auf YouTube hochlade und sogar die Veröffentlichung plane, ohne die Tools überhaupt zu öffnen.

Das ist ein Beispiel dafür, wie ich Automatisierung eingesetzt habe, um Zeit bei gewinnbringenden Aufgaben zu sparen. Lassen Sie uns jedoch einen Schritt zurücktreten. Ob YouTube, Social-Media-Beiträge oder Kundenmitteilungen – die Mechanismen sind dieselben: Sie richten eine

Reihe von Ursache-Wirkungs-Schritten ein, damit die Arbeit voranschreitet, ohne dass Sie jeden einzelnen Schritt selbst ausführen müssen.

Die einfachste Version funktioniert wie folgt:

1. **Trigger:** Etwas geschieht, beispielsweise das Fertigstellen eines Blogbeitrags in ChatGPT oder das Hinzufügen eines neuen Fotos zu Google Drive.
2. **Aktion:** Ein anderes Tool reagiert automatisch, beispielsweise formatiert es den Blogbeitrag in Google Docs oder wendet Ihre Markenvorlage auf das Foto in Canva an.
3. **Kette:** Der Prozess läuft weiter, wobei das Ergebnis an das nächste Tool in der Reihe weitergeleitet wird.

Einige typische Szenarien:

- Sie wählen ein Thema für einen Blogbeitrag aus → ChatGPT erstellt einen neuen Blogentwurf. Der Entwurf wird mit Claude formatiert → der formatierte Entwurf wird automatisch in Google Docs gespeichert → der Google Doc-Link wird per E-Mail an Ihr Team gesendet.
- Besprechungsnotizen von Otter.ai → Zapier oder Make.com sendet diese zur Zusammenfassung an ChatGPT → die Zusammenfassung wird Ihrem Projektmanager (Asana/Trello) hinzugefügt oder Ihnen per E-Mail zugesandt.
- Neue Instagram-Bildunterschriften und Mediendateien werden in einem Ordner „Veröffentlichte Inhalte“ in Google Drive gespeichert. Make.com übermittelt die Bildunterschriften automatisch an ChatGPT, um sie in einen LinkedIn-Beitrag, einen Tweet und ein kurzes TikTok-Skript umzuwandeln. Die umgeschriebenen Beiträge werden automatisch zu einem Planungstool wie Buffer oder Later hinzugefügt. Alle Varianten werden in einer gemeinsamen Inhaltsbibliothek gespeichert, um sie später wiederverwenden zu können.

Sie können auch zunächst nur einen Schritt in einem Arbeitsablauf automatisieren. Oft ist es sinnvoller, sich auf die mühsamsten, zeitaufwändigsten oder sich wiederholenden Aufgaben zu konzentrieren, die Sie mit Ihren Händen auf der Tastatur, aber ohne großen geistigen Aufwand ausführen, wie Formatierungen, Dateneingaben oder erste Recherchen.

Haben Sie Schwierigkeiten mit der Dateiorganisation, also damit, Ihre Dateien und Fotos zu ordnen? Ein einfacher Workflow in **Zapier** oder **Make.com** könnte dieses Problem lösen und verhindern, dass Sie jemals wieder 30 Minuten damit verbringen müssen, nach einer Datei zu suchen, von der Sie wissen, dass sie existiert, die Sie aber nicht finden können. Jedes Mal, wenn Sie eine Datei auf Google Drive hochladen,

überprüft Zapier den Dateinamen im Ordner „Neue Dateien“ auf Schlüsselwörter wie „Notizen“, „Belege“ oder den Namen eines Kunden und verschiebt die Datei dann automatisch in den entsprechenden Ordner.

Dies gehört zu den fortgeschrittenen KI-Anwendungen, daher ist es nicht erforderlich, dass Sie dies bereits jetzt beherrschen. Wenn Sie dies tun möchten, ist das hervorragend, jedoch ist es eher ein Ziel, auf das Sie hinarbeiten sollten, und nicht der Ausgangspunkt. Betrachten Sie es als eine Vorschau auf das, was möglich ist, wenn Ihre Fähigkeiten wachsen und Ihre Projekte größer werden. Das ist das Ziel, das Sie erreichen, wenn Sie weiter lernen, üben und sich verbessern.

Auch bei der Automatisierung ist es ratsam, einen Prozess zu entwickeln, der eine Qualitätskontrolle beinhaltet. Sie sollten Entwürfe überprüfen, Recherchen auf ihre Richtigkeit hin kontrollieren und die endgültigen kreativen Entscheidungen treffen. Eine Möglichkeit hierfür besteht darin, einen mehrstufigen Prozess in kleinere Automatisierungsschritte mit menschlichen Kontrollpunkten dazwischen aufzuteilen, wie ich es bei der Automatisierung beschrieben habe, die ich für die Erstellung von YouTube-Videoskripten entwickelt habe. Die erste Automatisierung läuft bis zu einem Überprüfungspunkt, an dem Sie eingreifen, Änderungen vornehmen und das verbesserte Ergebnis an die nächste Automatisierung weiterleiten. Auf diese Weise profitieren Sie von den zeitsparenden Vorteilen der KI, ohne Abstriche bei der Qualität der Inhalte machen zu müssen, und können im Zuge der Verfeinerung Ihrer Arbeitsabläufe weitere Automatisierungen hinzufügen.

Auch wenn Automatisierungen für Sie derzeit nicht in Frage kommen, können Sie dennoch von den Vorteilen multimodaler Arbeitsabläufe profitieren. Sobald Sie verstanden haben, wie diese Tools kombiniert werden können, sind ihre Anwendungsmöglichkeiten nahezu unbegrenzt. In den folgenden Kapiteln werde ich Ihnen zeigen, wo Sie diese KI-Systeme einsetzen können, um den größten Effekt zu haben, unabhängig davon, ob Sie Ihre Produktivität steigern, Ihre Arbeitsabläufe vereinfachen oder sogar neue Einnahmequellen erschließen möchten.

10

All-in-One-KI-Generatoren: Ressourcen für Business und Lernen erstellen

SIE HABEN BEREITS ERFAHREN, wie wirkungsvoll es ist, eine Idee mit verschiedenen Tools umzusetzen und daraus Texte, Bilder und sogar Audio- oder Videodateien zu erstellen. In der Regel starten Sie mit ChatGPT für den Text, wechseln dann zu Canva oder Midjourney für Bilder und nutzen eventuell ein Videotool wie Synthesia für Werbe- oder Erklärvideos. Auch wenn der Prozess reibungslos läuft, müssen Sie weiterhin zwischen verschiedenen Anwendungen wechseln, Dateien exportieren und Inhalte an den passenden Stellen einfügen.

Stellen Sie sich vor, Sie geben nur eine Eingabe ein und erhalten innerhalb weniger Minuten eine umfassende Kampagne zurück, einschließlich E-Mails, Social-Media-Beiträgen, Werbetexten und Grafiken, die alle in einem einheitlichen Stil und Tonfall aufeinander abgestimmt sind. Sie erhalten nicht nur einzelne Teile, sondern ein komplettes, sofort einsatzbereites Paket. Sie müssen lediglich noch ein paar Änderungen vornehmen und können dann auf „Veröffentlichen" klicken.

Darum sind All-in-One-Generatoren so mächtig: Sie liefern nicht nur einzelne Projektbausteine, sondern genau das, was Sie sonst von einem erfahrenen Vermarkter oder Designer erwarten würden, von SEO über Branding bis hin zum Layout. Einige All-in-One-Generatoren erstellen sogar Dinge, die Sie mit ChatGPT, DALL·E, Midjourney oder Synthesia allein nicht produzieren können. Denken Sie an voll funktionsfähige Websites mit Layouts und Bildern oder sogar einfache Apps. Diese Tools fassen die aufwändigen Arbeitsschritte an einem Ort zusammen und verbinden Abläufe, die früher getrennt voneinander stattfanden, sodass Sie fast den gesamten Prozess von der ersten Idee bis zum ausgearbeiteten Entwurf abdecken können.

Die Leistungsfähigkeit der Erstellung mit einem Klick

All-in-One-Generatoren sind mehr als nur Abkürzungen. Sie ermöglichen es Ihnen, nicht nur die Ausführung, sondern auch das Fachwissen hinter einem gesamten Projekt zu nutzen. Wenn Sie jemals den Aufbau einer Website vermieden haben, weil Sie nicht programmieren können, oder eine Marketingkampagne aufgeschoben haben, weil Sie kein Designer oder Texter sind, schließen diese Tools diese Lücke. Sie vereinen die Arbeit mehrerer Spezialisten in einem einfachen Prozess, den Sie mit einer einzigen Eingabe steuern können. Diese Tools bieten einen kostenlosen Tarif, mit dem Sie sie unverbindlich testen können. Wenn Sie jedoch Zugriff auf weitere Funktionen wünschen, müssen Sie ein kostenpflichtiges Abonnement abschließen.

Websites mit Durable übersetzen

Mit einem guten Prompt bieten Ihnen Tools wie Durable mehr als nur eine Platzhalter-Homepage. Sie können eine übersichtliche, funktionale Verkaufsseite mit bereits vorhandenen Produktbeschreibungen und Handlungsaufforderungen, einen Blog mit mehreren Kategorieseiten und veröffentlichungsfertigen Artikeln oder sogar eine einfache serviceorientierte Website mit Preistabellen, Kontaktformularen und integrierten Kundenreferenzen erstellen. Die Struktur, die Texte und die Bilder sind bereits vorbereitet, sodass Sie nicht erst alles einrichten müssen, sondern direkt mit der individuellen Gestaltung starten können.

Präsentationen mit Gamma erstellen

Gamma kann eine einfache Anfrage wie *Erstellen Sie eine Präsentation zum aktuellen Stand des Immobilienmarktes* entgegennehmen und die Folien, Texte und Grafiken für Sie generieren. Sie müssen nicht den gesamten Text bereitstellen oder Bilder suchen, da diese automatisch eingefügt werden. Anschließend können Sie Designs austauschen, Abschnitte neu anordnen oder bestimmte Teile umschreiben. Sie müssen die Informationen zwar noch überprüfen und Änderungen vornehmen, aber der schwierige Teil der Erstellung einer vollständigen, zusammenhängenden Präsentation ist bereits erledigt. Tools wie

Gamma konzentrieren sich ausschließlich auf Präsentationen, während Plattformen wie Canva oder PowerPoint mit Copilot inzwischen vergleichbare KI-Funktionen für Präsentationen anbieten.

Social-Media-Kampagnen mit Jasper entwickeln

Zu Beginn des Buches haben Sie gelernt, wie Sie Social-Media-Inhalte erstellen können, indem Sie mehrere Tools in einem mehrstufigen Workflow kombinieren. Sie könnten mit ChatGPT beginnen, um den Beitrag oder die Bildunterschriften zu verfassen, Canva AI oder Midjourney für Bilder und Grafiken verwenden und dann zu ChatGPT zurückkehren, um jeden Beitrag für verschiedene Plattformen anzupassen. Dies funktioniert, erfordert jedoch Zeit und viele Arbeitsschritte. Jasper vereinfacht diesen Prozess erheblich, indem es Texte für eine gesamte Kampagne an einem Ort generiert. Sie können ihm eine einzige Idee geben und erhalten E-Mails, Social

Beiträge und Werbetexte. Dazu gehören auch Grafikvorlagen, die im Ton und Stil bereits aufeinander abgestimmt sind. Diese integrierte Konsistenz ist etwas, das selbst erfahrene Marketingfachleute nur schwer erreichen können, wenn sie schrittweise arbeiten.

Ein Markenkit mit Looka erstellen

Auch das Branding, das normalerweise mehrere Tools und das geschulte Auge eines Designers erfordert, lässt sich mit einer Funktion wie dem Brand Kit von Looka in wenigen Minuten umsetzen. Sie geben einfach einige Informationen über Ihr Unternehmen ein und erhalten grundlegende Markenelemente, die Sie sofort herunterladen und verwenden können, vom Logo über die Farbpalette bis hin zu Schriftarten und Mustermaterialien. Sie können die Elemente sofort herunterladen und verwenden und sie dann im Laufe der Zeit aktualisieren, wenn sich Ihre Marke weiterentwickelt.

All-in-One-Generatoren

Tool	Was Sie damit tun können	Kostenloser Plan & Upgrade-Infos
Durable	Erstellt komplette Websites mit Texten, Bildern, Formularen und Blogposts auf Knopfdruck	Kostenlos nutzbar mit Subdomain. Upgrade für eigene Domain und erweiterte Funktionen.
Gamma	Erstellt komplette Präsentationen aus einem einzigen Prompt (Folien, Texte, Visuals)	Kostenlose Version zum Ausprobieren. Upgrade für mehr Folien, Designoptionen und Profi-Vorlagen.
Jasper	Erstellt Kampagneninhalte wie E-Mails, Social-Media-Posts und passende Grafiken	Kostenlose Testversion. Upgrade für vollständige Kampagnen, Markenstimmen und Templates.
Looka	Baut ein Marken-Kit mit Logo, Farben, Schriften und Vorlagen für Marketingmaterialien	Logos kostenlos ansehen. Upgrade für hochwertige Downloads und das komplette Marken-Kit.
Synthesia	Wandelt Skripte in KI-Videos mit Avataren, Stimmen und Sprachen um	Kostenloser Plan mit begrenzten Minuten. Upgrade für längere Videos, mehr Avatare und Bearbeitung.

Profi-Tipp: Wenn Sie nicht sicher sind, ob es einen All-in-One-Generator für Ihr Vorhaben gibt, fragen Sie ChatGPT. Versuchen Sie es mit: *„Gibt es KI-Tools, mit denen man [Art des Projekts] mit einem Klick erstellen kann? Listen Sie die besten Optionen mit ihren wichtigsten Funktionen auf.“* Diese eine Frage kann Ihnen stundenlange Recherchearbeit ersparen.

Wann sollten Sie sich für einen All-in-One-Generator entscheiden, anstatt Ihren eigenen Workflow zusammenzustellen? Berücksichtigen Sie die Komplexität des Projekts, Ihre Fähigkeiten und Ihre Prioritäten. Wenn Sie kein Experte auf einem bestimmten Gebiet sind, aber eine schnelle, kostengünstige und qualitativ hochwertige Lösung benötigen, können diese Tools entscheidend sein. Wenn Qualität und kreative Kontrolle oberste Priorität haben, kann es sinnvoller sein, weiterhin einzelne, spezialisierte Tools zu nutzen. Und manchmal ist die optimale Lösung eine Kombination aus beidem: Lassen Sie einen All-in-One-Generator einen ersten brauchbaren Entwurf erstellen und verfeinern Sie diesen anschließend mit den Tools, die Sie bereits kennen und schätzen.

Auch bei Risiken und Sicherheit gelten hier die bereits erwähnten Vorsichtsmaßnahmen. Bitte fügen Sie keine sensiblen oder privaten Informationen in KI-Tools ein. Darüber hinaus sind die Risiken bei der Verwendung von Durable, Jasper oder ähnlichen Generatoren dieselben wie bei jedem anderen KI-Tool. Die meisten Probleme lassen sich mit gesundem Menschenverstand lösen. Vermeiden Sie es, Kundendaten, Passwörter und geschützte Inhalte in Ihre Eingaben aufzunehmen, und Sie sollten keine Probleme haben.

Wie man Prompts für All-in-One-Generatoren verfasst

Der schnellste Weg zu hervorragenden Ergebnissen mit einem All-in-One-Generator besteht darin, nicht sofort in das Tool einzusteigen. Starten Sie stattdessen mit ChatGPT und lassen Sie sich von diesem Tool dabei unterstützen, den perfekten Prompt zu erstellen, bevor Sie das Tool überhaupt öffnen. Dies ist besonders nützlich, wenn Sie sich nicht sicher sind, wie detailliert der Prompt sein muss, oder wenn Sie das Tool noch nie zuvor verwendet haben.

Der Trick besteht darin, ChatGPT nach einem Prompt zu fragen, die Sie direkt in das andere Tool einfügen können – also gewissermaßen nach einem ‚Prompt für den Prompt'. Und wenn Sie sich nicht sicher sind, was Sie fragen sollen, können Sie den Prozess umkehren: Lassen *Sie sich* zunächst *von* ChatGPT klärende Fragen stellen. Anstatt zu erraten, welche Details Sie angeben sollen, lassen Sie sich von ChatGPT durch die Informationen führen, die der All-in-One-Generator benötigt.

Hier ist ein wiederverwendbare Prompt, den Sie für jedes Tool anpassen können:

---

*Ich möchte **[KI-Tool]** verwenden, um **[Art des Projekts]** zu erstellen, bin mir jedoch nicht sicher, welche Informationen ich eingeben soll oder was das fertige Projekt enthalten soll. Bitte stellen Sie mir eine Reihe von klärenden Fragen zu meiner Zielgruppe, meinen Zielen, meinem Stil und allen spezifischen Abschnitten, Seiten oder Funktionen, die ich möglicherweise benötige. Verwenden Sie dann meine Antworten, um mir einen vollständigen, detaillierten Prompt zu erstellen, den ich in das Tool einfügen kann, damit es ein kohärentes, qualitativ hochwertiges Ergebnis liefert.*

Wenn Sie diesen Ansatz verwenden, ist der endgültige Prompt, den ChatGPT Ihnen gibt, in der Regel wesentlich länger, zusammenhängender und detaillierter als alles, was Sie selbst geschrieben hätten. Sie können diesen Prompt in der Übung im nächsten Abschnitt ausprobieren und sehen, was ich meine.

Es geht nicht nur darum, „gründlich" zu sein. Bei Tools wie Durable kann eine einzeilige Eingabe wie „Ich benötige eine Website für mein Personal-Training-Unternehmen" dazu führen, dass Sie eine Website erhalten, die zahlreiche Seiten enthält, die Sie nicht benötigen, sowie Pop-up-Fenster, die nicht zu Ihrem Angebot passen, sowie unpassende Texte und Bilder. Am Ende müssen Sie ohnehin herausfinden, wie die Website tatsächlich aussehen soll, und dann alle unerwünschten Elemente aussortieren, um die wenigen wertvollen Teile zu retten. Dies ist eine frustrierende, überwältigende Aufgabe, die viele dazu veranlasst, aufzugeben und zu dem Schluss zu kommen, dass KI-Generatoren „einfach nicht gut genug sind". Ein reichhaltiger, spezifischer Prompt im Vorfeld verändert alles. Anstatt mit einem Durcheinander zu beginnen, starten Sie mit etwas, das bereits nahe an Ihrer Vorstellung liegt.

Profi-Tipp: Bevor Sie Ihren All-in-One-Generator öffnen, sollten Sie den Prompt, den er Ihnen gibt, mit ChatGPT einem Stresstest unterziehen. Fragen Sie: „Was fehlt in diesem Prompt, das dem Tool helfen würde, ein vollständigeres und genaueres Ergebnis zu erzielen?" Wenn Sie diese fehlenden Teile jetzt hinzufügen, sparen Sie später Zeit bei der Bearbeitung.

Alles zusammenführen: Verwandeln Sie Ihre Arbeit in eine Website

Sie verfügen bereits über Inhalte, die Sie zuvor in diesem Buch erstellt haben. Nun ist es an der Zeit, diese zu etwas zusammenzufassen, das Sie tatsächlich veröffentlichen können. Der schnellste Weg ist, einen All-in-One-Generator wie Durable die Arbeit übernehmen zu lassen, indem Sie den soeben erlernten Prozess zur Erstellung von Prompts anwenden.

Beginnen Sie in ChatGPT, nicht in Durable. Verwenden Sie die Methode „Prompt für einen Prompt" aus dem letzten Abschnitt, damit Sie Durable genau das geben, was es benötigt: Zielgruppe, Tonfall, Seiten, Funktionen und Stil. Je ausführlicher der Prompt ist, desto näher kommt Ihr erster Entwurf dem, was Sie tatsächlich wünschen.

Hinweis: Durable bietet sowohl kostenlose als auch kostenpflichtige Tarife an. Mit dem kostenlosen Tarif können Sie eine Website erstellen und bearbeiten, jedoch ist für die Veröffentlichung unter einer benutzerdefinierten Domain oder die Freischaltung bestimmter Funktionen ein kostenpflichtiger Tarif erforderlich. Sie *können* Ihre Website sofort unter einer kostenlosen Durable-Subdomain veröffentlichen, sodass Sie ohne finanzielle Aufwendungen online gehen können.

Von dort aus:

- Bearbeiten. Durable enthält möglicherweise zusätzliche Abschnitte oder Seiten, die Sie nicht benötigen und die Sie einfach entfernen oder anpassen können.
- Ersetzen Sie den zuvor verfassten Blogbeitrag auf der Blog-Seite.
- Ersetzen Sie allgemeine Bilder durch solche, die Sie bereits erstellt haben.
- Passen Sie Ihre Über-uns-Seite so an, dass der Bereich klar auf die Besucher ausgerichtet ist.
- Fügen Sie Ihr Video an prominenter Stelle ein, um schnell Vertrauen aufzubauen.

Lassen Sie sich derzeit nicht von kleinen Designelementen oder Farben ablenken. Diese können Sie später verfeinern. Das Ziel besteht darin, heute etwas Funktionsfähiges online zu stellen, das Ihnen sofort Nutzen bringt. Unternehmen warten nicht, bis alles perfekt ist, bevor sie starten – und genau so sollten auch Sie es handhaben.

Technisch versierte Personen, die pragmatisch vorgehen, können die erste Version ihrer Website innerhalb von 20 Minuten veröffentlichen. Sie könnten einige Stunden investieren, um sie wirklich hervorragend zu gestalten. Dies ist jedoch etwas, woran Sie weiterarbeiten und das Sie verbessern können, wenn Sie mehr Inhalte veröffentlichen. Konzentrieren Sie sich zunächst auf etwas, das „gut genug" ist. Unternehmen warten nicht, bis alles perfekt ist, um ihr Produkt auf den Markt zu bringen.

Machen Sie einen Screenshot, wenn Sie fertig sind. Sie haben soeben eine Website erstellt, und das in weniger Zeit, als die meisten Menschen mit dem Scrollen in sozialen Medien verbringen. Die früheren Hindernisse, wie Programmierkenntnisse, Designfähigkeiten und technisches Fachwissen, sind nicht mehr vorhanden. Was bleibt, sind nur Sie und Ihre Ideen.

Dies ist erst der Anfang. Im nächsten Kapitel werde ich Ihnen zeigen, wie Sie Ihre bevorzugten KI-Tools verbinden, die Erstellung von Inhalten automatisieren und Systeme einrichten können, die Ihnen jede Woche mehrere Stunden Zeit sparen. Anschließend werden wir uns mit echten KI-Strategien befassen, mit denen Sie Einkommen erzielen, ein Unternehmen führen oder bei der Arbeit oder in der Schule erfolgreich sein können.

11

Projekte und Verwaltungsaufgaben mit KI organisieren

ALLEIN DIE KI-WORKFLOWS, die Sie bereits in den vorangegangenen Kapiteln kennengelernt haben, können Ihre Effizienz steigern und Ihre Arbeitsweise vereinfachen. Es gibt jedoch noch eine weitere Ebene. KI kann Ihnen dabei helfen, Systeme zu entwickeln, die Ihnen Klarheit über Ihre Prioritäten verschaffen und sicherstellen, dass wichtige Aufgaben tatsächlich erledigt werden. Diese Systeme können sich anpassen, wenn etwas nicht wie geplant verläuft. Sie sorgen dafür, dass Sie konzentriert und auf Kurs bleiben, und gehen weit über eine bloße Einfügung in Ihre bestehende Arbeitsweise hinaus. Sie greifen Ihre bestehenden Arbeitsabläufe auf und verbessern sie.

In diesem Kapitel erfahren Sie, wie Sie den Übergang von der Nutzung künstlicher Intelligenz für einzelne Aufgaben hin zu ihrer Integration in ein umfassendes *Produktivitätssystem* vollziehen können. Selbst wenn Sie nur dieses Kapitel lesen, das Gelernte anwenden und keine weiteren Inhalte dieses Buches umsetzen, werden Sie wahrscheinlich jede Woche mehrere Stunden Zeit sparen und mehr erledigen können, ohne sich überfordert zu fühlen. Sie werden erfahren, wie Sie KI in die Tools integrieren können, die Sie bereits verwenden, neue KI-gestützte Plattformen hinzufügen können, wo dies sinnvoll ist, und alles miteinander verbinden können, damit Ihre Arbeit reibungslos von der Idee bis zur Fertigstellung verläuft.

Sie müssen nicht jedes in diesem Kapitel vorgestellte Tool nutzen, um Vorteile zu erzielen. Tatsächlich kann eine zu große Anzahl von Tools Sie überfordern und

Ihre Arbeit verlangsamen. Wählen Sie ein oder zwei Tools aus, von denen Sie denken, dass sie Ihnen wirklich helfen könnten, um den Einstieg zu erleichtern. Sie können später jederzeit weitere Tools hinzufügen.

Planung und Zielsetzung mit KI

Haben Sie schon einmal Stunden damit verbracht, den perfekten Plan zu erstellen, nur um am Ende zu erschöpft zu sein, um ihn umzusetzen? Eine der größten mentalen Hürden ist nicht die eigentliche Ausführung der Arbeit. Es ist die Entscheidung, welche Arbeit es wert ist, erledigt zu werden, in welcher Reihenfolge und wie man sie vorantreibt, ohne sich zu überlasten. Dieser Prozess ist ebenfalls zeitaufwändig.

Angenommen, Sie haben eine Geschäftsidee im Kopf. Es handelt sich jedoch lediglich um eine Idee. Sie wissen nicht, wo Sie beginnen sollen oder wie Sie diese Idee in die Tat umsetzen können. In weniger als einer Stunde können Sie mit ChatGPT oder Claude das gesamte Konzept ausarbeiten.

Sie könnten beispielsweise Folgendes in Claude eingeben:

> *Ich habe darüber nachgedacht, ein Unternehmen für Haushaltsorganisation zu gründen. Vorerst bin ich allein, möglicherweise biete ich auch virtuelle Sitzungen an. Allerdings bin ich mir unsicher, wie ich beginnen soll. Könnten Sie mir dabei behilflich sein, einen konkreten Plan mit einzelnen Schritten zu erstellen, der nach Wochen gegliedert ist?*

Fahren Sie dann fort mit:

> *Ich möchte dies neben meiner derzeitigen Tätigkeit auf Teilzeitbasis aufbauen, daher bitte ich um realistische Vorschläge. Ich benötige Unterstützung dabei, zu entscheiden, was als Erstes zu tun ist, wie ich Kunden gewinnen kann und wie ich den Betrieb am Laufen halte.*

In nur wenigen Nachrichten kann die KI Ihnen dabei helfen, zu definieren, wie „erledigt“ aussieht, dies in vierteljährliche, monatliche und wöchentliche Ziele aufzuteilen und alles in einer Reihenfolge anzuordnen, die Engpässe vermeidet. Der gleiche Ansatz funktioniert auch für kleinere Aufgaben, wie die Strukturierung Ihrer Woche oder die Planung Ihres Tages.

Sobald Sie Ihren Plan erstellt haben, müssen Sie ihn nicht in einem Textfeld speichern. Sie können ihn direkt in ein Projektmanagement-Tool einfügen, das ihn in Projekte und Aufgaben mit Prioritäten und Fristen umwandelt.

Projektmanagement trifft auf Automatisierung

Sobald Ihre Ideen klar sind, können spezialisierte Planungsplattformen sie in lebendige, adaptive Systeme umwandeln:

Motion AI

Motion AI ist ein Produktivitäts- und Planungstool, das Aufgabenverwaltung mit Kalenderautomatisierung verbindet. Sie geben Ihre Aufgaben, Termine und Besprechungspläne ein, und die KI erstellt (und aktualisiert kontinuierlich) Ihren Tagesplan in Echtzeit. Sollte eine Besprechung länger dauern, ein Kunde absagen oder Sie eine kurzfristige Priorität hinzufügen, plant Motion automatisch alles andere neu, sodass nichts übersehen wird. Es versteht Prioritäten, Abhängigkeiten und die Ausgewogenheit der Arbeitsbelastung, sodass Sie Ihren Plan nicht ständig manuell neu organisieren müssen. Motion verfolgt auch Ihre Gesamtkapazität, indem es Sie darauf hinweist, wenn Sie Ihren Zeitplan überlastet haben, und Ihnen zeigt, wo Termine gefährdet sind, bevor sie verpasst werden. Dies macht es besonders wertvoll für Menschen, die mit unvorhersehbaren Zeitplänen jonglieren, da die KI wie ein persönlicher Assistent im Hintergrund funktioniert, der sich nicht nur jede Frist merkt, sondern auch Ihre Arbeitsbelastung realistisch hält.

ClickUp AI

ClickUp ist eine umfassende Projektmanagement-Plattform für Einzelpersonen und Teams. An sich handelt es sich nicht um ein reines KI-Tool, sondern um eine Plattform zur Organisation von Projekten, zur Zuweisung von Aufgaben und zur Verfolgung von Fristen. Mit dem kostenpflichtigen KI-Add-on können Sie in nur wenigen Minuten aus losen Ideen oder Besprechungsnotizen einen klaren, umsetzbaren Plan erstellen.

In ClickUp kann die KI Folgendes übernehmen:

- **Erstellen Sie aus Brainstorming-Sitzungen**, Besprechungsnotizen oder Chat-Diskussionen strukturierte Aufgabenlisten.

- **Erstellen Sie detaillierte Aufgabenbeschreibungen**, damit die Beauftragten ohne langwierige Rückfragen genau wissen, was zu tun ist.
- **Priorisieren Sie Aufgaben automatisch** anhand von Dringlichkeit, Fristen und verfügbaren Ressourcen.
- **Planen Sie Aufgaben neu und passen Sie Zeitpläne an**, wenn sich Prioritäten oder Arbeitsbelastungen ändern.
- **Verfolgen Sie die Kapazitäten Ihres Teams**, damit Sie sehen können, wer überlastet ist und wer verfügbar ist.
- **Erkennen Sie Engpässe**, die Projekte verlangsamen, bevor sie zu Verzögerungen führen.

Die App zeigt Ihnen sogar potenzielle Aufgaben aus Unterhaltungen an und Sie werden gefragt, ob Sie diese zu Ihrem Projektboard hinzufügen möchten. ClickUp lässt sich auch mit einer Vielzahl anderer Tools integrieren, darunter Slack, Google Drive, Microsoft Teams, Zoom,

Dropbox und vielen anderen, sodass Ihre KI-generierten Pläne Dateien, Aktualisierungen und Kommunikation einbinden können, ohne dass Sie zwischen den Apps hin- und herspringen müssen.

Notion AI

Notion AI ist ein sehr flexibler Arbeitsbereich, der Notizen, Dokumente, Projektverfolgung und Datenbanken an einem Ort vereint. Auch ohne KI ist es bereits eine leistungsstarke Plattform zur Organisation von Informationen. Mit KI kann Notion lange Besprechungsnotizen zusammenfassen, Ihre Dokumente automatisch mit Tags versehen und kategorisieren, Entwürfe erstellen und verwandte Inhalte miteinander verknüpfen, sodass Sie komplexe Projekte bewältigen können, ohne nach Dateien suchen zu müssen. Für forschungsintensive oder inhaltsorientierte Arbeiten kann es wichtige Punkte aus Artikeln oder Berichten extrahieren und diese dann in umsetzbare Checklisten oder strukturierte Pläne umwandeln. Notion kann auch den Fortschritt Ihrer Projekte verfolgen und Ihnen helfen, Probleme zu beheben, bevor sie zu Verzögerungen führen, indem es Bereiche markiert, die in Verzug geraten sind, und Engpässe aufzeigt – zum Beispiel ein Dokument, das den nächsten Schritt in einem Arbeitsablauf blockiert. Seine größte Stärke ist seine Anpassungsfähigkeit. Sie können es an Ihren Arbeitsablauf anpassen, egal ob Sie ein kreatives Einzelprojekt durchführen oder ein mehrköpfiges Forschungsteam leiten, und die KI-Ebene trägt dazu bei, dass das System langfristig stabil und ausgewogen bleibt.

Diese Tools verfügen häufig über integrierte Analysefunktionen, die Ihnen zeigen, wofür Sie Ihre Zeit verwenden, Sie warnen, wenn Sie sich zu viel vorgenommen haben, und Engpässe aufzeigen, bevor diese Sie an Ihrer Arbeit hindern. Sie unterstützen Sie nicht nur dabei, schneller zu arbeiten, sondern auch *intelligenter*, da sie das System selbst überwachen und nicht nur Ihre To-do-Liste.

Projektmanagement- und Automatisierungstools

Tool	Wofür Sie es verwenden können	Kostenloser Plan & wann ein Upgrade sinnvoll ist
Motion AI	Kombiniert Aufgabenverwaltung mit Kalenderplanung.	Die kostenlose Testversion ermöglicht ein Ausprobieren. Für vollen Zugriff auf Kalenderplanung, Automatisierungen und erweiterte Funktionen ist ein Upgrade erforderlich.
ClickUp AI	Umfassende Projektmanagement-Plattform zur Organisation von Projekten, Aufgaben und Fristen.	ClickUp bietet einen kostenlosen Plan; die KI-Funktionen sind jedoch nur im kostenpflichtigen Abonnement verfügbar.
Notion AI	Flexibler Arbeitsbereich für Notizen, Dokumente und Projekte.	Notion bietet einen kostenlosen Plan; KI-Funktionen sind jedoch nur über ein kostenpflichtiges Zusatzmodul oder im bezahlten Abonnement freigeschaltet.

KI, die dort funktioniert, wo Sie arbeiten

Es ist nicht immer erforderlich, eine vollständig neue Plattform einzuführen, um die Vorteile der KI zu nutzen. Manchmal lässt sich die Produktivität am schnellsten steigern, indem man KI direkt in die Tools integriert, die man bereits täglich verwendet. Microsoft Copilot (für die 365-Suite), Google Gemini (für Workspace) und Apple Intelligence (für macOS, iOS und iPadOS) funktionieren alle nach diesem Prinzip.

Der größte Vorteil ist jedoch nicht nur die Geschwindigkeit. Entscheidend ist, wie diese KI-Ebenen Ihre bestehenden Arbeitsabläufe nahtlos verbessern, ohne dass Sie einen völlig neuen Prozess erlernen müssen. Diese Systeme integrieren KI in Ihre zentrale Arbeitsumgebung, sodass sie Ihre E-Mails, das Dokument, an dem Sie gerade arbeiten, das gerade beendete Meeting und die geöffnete Tabelle sehen können. Sie arbeiten weiterhin in Outlook, Google Docs oder Apple Mail, aber jetzt gibt es direkt im selben Fenster ein KI-Panel, das mit den anderen Anwendungen in Ihrem Ökosystem kommunizieren kann.

Sie könnten zunächst darum bitten, einen E-Mail-Verlauf mit 20 Nachrichten zusammenzufassen, und dann im selben Gespräch anweisen, die zu erledigenden Aufgaben herauszufiltern, sie Ihrem Kalender hinzuzufügen und einen Berichtsentwurf auf der Grundlage der angehängten Tabelle zu erstellen. Da es direkt mit Ihren Dokumenten, Ihrem Posteingang und Ihren Besprechungen verbunden ist, kann es genau den benötigten Kontext abrufen und die Ergebnisse direkt an die richtige Stelle zurücksenden. Das spart Ihnen leicht eine Stunde Arbeit.

Hier sind einige Beispiele, wie Sie das Tool in Ihren Arbeitsabläufen einsetzen können:

- **E-Mail und Kommunikation**: Erstellen Sie schnell Antworten, formulieren Sie diese für mehr Klarheit oder einen besseren Ton um und erstellen Sie Ihre eigenen Nachfassaktionen oder Erinnerungen. Einige Tools können sogar Nachrichten mit hoher Priorität basierend auf Ihrem Kalender oder Ihrem bisherigen Verhalten kennzeichnen.
- **Dokumente und Erstellung von Inhalten**: Wandeln Sie Notizen in Entwürfe um, fassen Sie umfangreiche Dokumente zusammen oder formatieren Sie Inhalte neu. Sie können auch KI einsetzen, um aus Ihrem Text Grafiken oder Folien zu erstellen oder Ihre persönlichen Dokumente wie Vorlagen oder SOPs zu aktualisieren.
- **Tabellenkalkulationen und Datenbearbeitung**: Stellen Sie Fragen zu Ihren eigenen Daten, generieren Sie Formeln, visualisieren Sie Trends oder erstellen Sie automatisch Zusammenfassungen, ohne die genaue Funktion zu kennen.
- **Aufgabenplanung und tägliche Ausführung**: KI verwandelt Ihre groben Ideen und Ihre mentale To-do-Liste in einen schlüssigen Plan. Wenn etwas Unvorhergesehenes eintritt oder sich Ihr Zeitplan ändert, kann sie Ihren Tag für Sie neu organisieren, sodass Sie nicht an Schwung verlieren, wenn Sie versuchen, alles manuell neu zu ordnen.

Wie Teams KI nutzen, um aufeinander abgestimmt zu bleiben

Alles, was wir bisher besprochen haben, gilt für Teams ebenso wie für Einzelpersonen. Tatsächlich sind viele der bereits vorgestellten Tools (wie Microsoft Copilot, Google Gemini und Apple Intelligence) so konzipiert, dass sie nahtlos in gemeinsamen Umgebungen funktionieren.

Bei der Zusammenarbeit entstehen Reibungen häufig durch Missverständnisse, vergessene Aufgaben oder verstreute Updates in E-Mails, Slack, Projektboards und Besprechungen. KI kann hier automatisch die Lücken schließen, sodass Teams auf dem gleichen Stand bleiben, ohne sich ständig abstimmen zu müssen.

In der Praxis könnte dies wie folgt aussehen:

- **Transkription und Zusammenfassung von Besprechungen**: Tools wie Zoom AI Companion, Google Meet + Gemini oder Microsoft Teams + Copilot können Besprechungen in Echtzeit transkribieren, Entscheidungen hervorheben und innerhalb von Sekunden nach Beendigung des Gesprächs eine Zusammenfassung erstellen.
- **Aufgabenzuweisung und Briefings**: KI kann automatisch To-dos aus Besprechungsprotokollen oder Team-Chats extrahieren, sie der richtigen Person zuweisen und sogar Aufgabenbeschreibungen basierend auf dem Kontext erstellen.
- **Gemeinsame Dashboards und Standups**: Plattformen wie ClickUp und Notion können automatisierte Statusaktualisierungen generieren, den Aufgabenfortschritt mehrerer Mitwirkender abrufen und zusammenfassen, was das Team behindert, ohne dass jemand ein Statusdokument ausfüllen muss.
- **Whiteboards und Brainstormings**: Wenn Sie Tools wie FigJam, Notion AI oder Miro verwenden, kann KI dabei helfen, Haftnotizen und Skizzen in übersichtliche Dokumente, Gliederungen oder Aktionspläne umzuwandeln.

Nach einem 30-minütigen Brainstorming-Gespräch kann die KI die Diskussion in einen ausgefeilten Kreativbrief umwandeln, jedem Teammitglied Aufgaben zuweisen und alles in das Projektboard einfügen. Niemand muss mehr durch Notizen blättern oder sich daran erinnern, wer was zugesagt hat. Es ist einfach alles vorhanden.

Unabhängig davon, ob Ihr Team ein Büro teilt oder über verschiedene Zeitzonen hinweg arbeitet, reduzieren diese Funktionen Statusbesprechungen, beschleunigen die Nachverfolgung und bieten allen einen Live-Überblick darüber, was vorangeht und was noch aussteht.

Vernachlässigen Sie die Sicherheit nicht

Wenn Sie KI mit einem gemeinsamen Arbeitsbereich verbinden, muss die Sicherheit an erster Stelle stehen. Diese Tools sind am nützlichsten, wenn sie auf Teamdokumente, Chats und Kalender zugreifen können, aber dieser Zugriff sollte immer eine bewusste Entscheidung sein. Legen Sie genau fest, welche

Informationen die KI benötigt, um effektiv zu sein, und beschränken Sie alles andere. Die meisten Plattformen verfügen über Admin-Einstellungen, mit denen Sie Folgendes tun können:

- den KI-Zugriff auf bestimmte Ordner, Kanäle oder Kalender beschränken können.
- Legen Sie fest, ob die KI vorhandene Daten oder nur neue Aktivitäten lesen darf.
- Legen Sie fest, wo KI-generierte Inhalte gespeichert werden und wer sie einsehen darf.

Es ist auch sinnvoll, Ihrem Team genau mitzuteilen, worauf die KI zugreifen kann, worauf nicht und wie mit sensiblen Informationen in Prompts umzugehen ist. Auf diese Weise sind sich alle über die Grenzen im Klaren und Sie vermeiden versehentlich, zu viele Informationen preiszugeben.

Wenn alles zusammenpasst

Sie haben gelernt, wie Sie mit KI kreativ sein, mit KI planen und KI in Ihre täglichen Arbeitsabläufe integrieren können. Nun geht es darum, diese Fähigkeiten gemeinsam einzusetzen, denn sobald sie synchron zusammenarbeiten, wird sich Ihre Arbeitsweise grundlegend verändern.

Es ist Montagmorgen. Sie melden sich an, öffnen Ihr KI-Panel, und es hat bereits Ihren Posteingang zusammengefasst, die tatsächlichen Prioritäten markiert und die Hälfte der Antworten entworfen. Es hat die Aktionspunkte in Ihren Aufgabenmanager übernommen, Ihren Kalender mit realistischen Terminen gefüllt und die benötigten Ressourcen zusammengestellt. Im Laufe der Woche unterstützt Sie dieselbe KI beim Verfassen von Inhalten, bei der Analyse und Auswertung von Kennzahlen, bei der Erstellung von Berichten und bei der Vorbereitung von Präsentationen und liefert Ihnen anschließend die fertigen Ergebnisse.

Arbeiten Sie direkt in der passenden Umgebung für Ihr Team oder Ihren Kunden und markieren Sie die Aufgabe als „erledigt", ohne dass Sie eine Datei verschieben oder eine Übergabe-E-Mail verfassen müssen.

Das ist es, wozu Sie jetzt in der Lage sind. Sie verfügen über die Werkzeuge, um effektiv zu planen, Pläne in die Tat umzusetzen und alles nahezu reibungslos am

Laufen zu halten. Sie können ein Projekt von der „bloßen Idee“ bis zur „Fertigstellung“ begleiten, ohne Chaos, Zeitverlust oder ständige Kontextwechsel, die Sie früher ausgebremst haben.

12

Generative KI für Geschäfts- und Kundenprozesse

ES IST EIN GROSSER UNTERSCHIED, ob Sie KI nur nutzen, um Ihren Arbeitsalltag zu erleichtern, oder ob Sie damit ganze Teile Ihres Unternehmens steuern.

Bei der persönlichen Produktivität geht es darum, mit Ihrer To-do-Liste ein paar Minuten Zeit zu sparen. Bei Geschäftssystemen hingegen geht es darum, eine Maschine zu schaffen, die sich um wiederkehrende, langweilige und fehleranfällige Aufgaben kümmert, ohne dass Sie ständig ein Auge darauf haben müssen.

Im vergangenen Jahr habe ich mehrere virtuelle Assistenten auf den Philippinen eingestellt: einen für Grafikdesign, einen für Verwaltungstätigkeiten und einen weiteren fürs Texten. Das hat funktioniert – wenn auch nicht perfekt. Danach habe ich einige KI-Workflows getestet. Innerhalb eines Monats konnte ich 80 % der Aufgaben dieser Assistenten zu einem Bruchteil der Kosten und mit besseren Ergebnissen ersetzen.

Keine zusätzliche Unterstützung nötig.

Kein „Können Sie das bitte noch einmal senden?"

Keine Wiederholungen von Aufgaben wegen Missverständnissen.

Keine langen Feedbackschleifen, in denen man auf Korrekturen oder Überarbeitungen wartet.

Sie müssen nicht ständig Mitarbeiter managen oder kontrollieren, ob sie ihre Aufgaben erledigen. Sie brauchen keine zusätzlichen Angestellten, sondern ein System, das im Autopilot-Modus läuft, egal ob Sie arbeiten, schlafen, Zeit mit Ihrer Familie verbringen oder unterwegs sind.

In diesem Kapitel geht es darum, Routineaufgaben zu reduzieren: endlose E-Mail-Verläufe, ständig verschobene Nachfassaktionen und Berichte, deren Erstellung Stunden kostet. Sie erfahren, wie KI Verwaltungsarbeit verringern, die Kundenzufriedenheit erhöhen und Ihnen mehr Zeit für die wirklich wichtigen Aufgaben verschaffen kann. Wir stellen Ihnen eine Reihe von Tools vor, die genau das ermöglichen. Und wenn Ihnen das alles zunächst überwältigend erscheint, keine Sorge. Am Ende gibt es eine Übersichtstabelle, in der alles zusammengefasst ist.

Sobald diese Systeme eingerichtet sind, verändert sich Ihr Alltag. Sie können mehr Zeit in die Entwicklung Ihres nächsten Produkts investieren, statt E-Mails abzuarbeiten. Sie können einen echten Urlaub machen, ohne dass Ihr Unternehmen stillsteht. Sie können Ihre Arbeitszeit reduzieren, ohne Ihren Umsatz zu schmälern. Und Sie können schneller wachsen, weil Sie nicht länger mit Kleinigkeiten überlastet sind.

Buchhaltung auf Autopilot

Wenn Sie jemals Ihre Buchhaltungssoftware geöffnet haben und sich überfordert fühlten, können Sie mich gut verstehen. Ich habe die Steuerzeit immer gehasst, weil ich versucht habe, die Buchhaltung eines ganzen Jahres an einem einzigen Wochenende zu erledigen. Das war alles andere als angenehm.

Die meisten Unternehmer wissen, dass sie sich regelmäßig mit ihren Zahlen beschäftigen sollten, tun es aber nicht, weil der Prozess umständlich, zeitaufwändig und leicht auf „später" verschoben werden kann.

KI kann Ihnen einen Großteil dieser mentalen Last abnehmen. Sie müssen sich nicht mehr durch endlose Transaktionslisten kämpfen oder mühsam Konten abgleichen. KI verschafft Ihnen einen klaren Überblick über Ihre Finanzen, sodass Sie genau wissen, wo Sie stehen und was als Nächstes zu tun ist.

Anstatt sich einmal im Monat bei BuchhaltungsButler einzuloggen und alle Transaktionen manuell durchzugehen, können Sie sämtliche Konten verbinden, Ihre Transaktionsdaten importieren und Ausgaben automatisch kategorisieren lassen. Die Software sortiert Belege im Hintergrund in die richtigen Kategorien wie

Marketing, Reisen oder Abonnements. Alle paar Tage kann ein KI-Assistent Abweichungen vom üblichen Muster markieren, etwa eine doppelte Abbuchung oder ein längst vergessenes Abonnement. Anschließend erhalten Sie ein Dashboard mit Ihrem monatlichen Gewinn oder Verlust auf einen Blick. Gewinn- und Verlustrechnungen oder Bilanzen lassen sich exportieren, ohne dass Sie dafür einen halben Samstag mit Zahlenabgleichen verbringen müssen.

BuchhaltungsButler ist in Deutschland das bekannteste KI-zentrierte Tool für diese Aufgaben. Wenn Sie jedoch ein etabliertes und weit verbreitetes System bevorzugen, bieten auch Lexoffice und SevDesk solide Automatisierungen: Belegerkennung per OCR, automatische Kategorisierung und Bankabgleiche, die Ihnen viel Arbeit ersparen. Sie sind zwar nicht ganz so lernfähig wie BuchhaltungsButler, aber stark verbreitet und DATEV-kompatibel, ein großer Vorteil in der Zusammenarbeit mit Steuerberatern.

Die meisten gängigen Buchhaltungstools verfügen inzwischen über KI- oder Automatisierungsfunktionen und decken ähnliche Kernaufgaben ab. Letztlich kommt es auf Ihre persönlichen Vorlieben an. Wenn Sie bereits ein Tool nutzen, müssen Sie vermutlich nicht wechseln. Wenn Sie neu starten, ist BuchhaltungsButler die beste Wahl für KI-gestützte Automatisierung, während Lexoffice und SevDesk sich bewährt haben, wenn Sie ein etabliertes, einfaches System mit solider Automatisierung suchen.

Sobald die Bücher in Ordnung sind, stellt sich die nächste Frage: Was bedeuten die Zahlen eigentlich? Statt einen ganzen Nachmittag mit Formeln zu verbringen, können Sie einfach nachfragen. In Sheets kann Gemini Cashflow-Trends analysieren. In Excel zeigt Copilot, wo die Ausgaben im Vergleich zum Vormonat gestiegen sind. Es geht weniger darum, neue Tricks in Tabellenkalkulationen zu lernen, sondern darum, klare Antworten zu bekommen, die Sie direkt nutzen können.

Neben der Rückschau auf Finanzdaten können dieselben Tools auch für Prognosen eingesetzt werden. Zum Beispiel, indem Sie fragen: „Welche finanziellen Trends erkennen Sie in meinen Daten, die ich bei der Planung der nächsten drei Monate berücksichtigen sollte?“ So müssen Sie nicht mehr hoffen, dass alles reibungslos läuft, oder sich auf ungenaue Schätzungen verlassen.

Da es beim Cashflow nicht nur um Ausgaben geht, können Sie die automatischen Erinnerungsfunktionen Ihrer Plattform oder eine ChatGPT-Integration nutzen, um überfällige Rechnungen nachzuverfolgen. Diese generieren freundliche Mahnungen für Kunden, die ein paar Tage im Rückstand sind, sowie bestimmte, aber höfliche Erinnerungen für diejenigen, die seit Wochen nicht bezahlt haben.

KI-gestütztes Marketing für Nicht-Marketingfachleute

Die Möglichkeit, mit generativer KI aus einem einzigen Inhalt Blogartikel, Videos, E-Mails und Social-Media-Posts zu erstellen, kann Ihren Marketingaufwand erheblich verringern.

Allerdings führen selbst die besten Workflows allein nicht automatisch zum Erfolg. „Strategie, Conversion-Optimierungen und Branchen-Know-how bleiben weiterhin entscheidend und beruhen meist auf jahrelanger Erfahrung im Marketing. Hier können die richtigen Tools helfen, Ihre Inhalte prägnanter, überzeugender und wirkungsvoller zu gestalten.

In Kapitel 8 haben wir Tools wie Jasper kennengelernt, die aus einer einzigen Eingabe eine komplette Marketingkampagne generieren können, inklusive E-Mails, Anzeigen, Blogartikeln, Landingpage-Texten und vielem mehr. Solcher „All-in-One“-Ansätze gibt es viele, aber Sie müssen sich nicht auf eine Plattform festlegen, um hervorragende Ergebnisse zu erzielen. Sie können auch einzelne KI-Tools für verschiedene Bereiche Ihres Marketingprozesses kombinieren und dennoch viel Zeit sparen.

So kann eine Blogging-Plattform wie **neuroflash** lange, SEO-freundliche Artikel auf Deutsch generieren, die sich leicht überarbeiten lassen. Social-Media-Planungstools wie **Publer** oder **Metricool** erstellen Entwürfe, verwerten Inhalte mehrfach und veröffentlichen kanalübergreifend, ohne dass Sie zwischen verschiedenen Dashboards wechseln müssen. Wenn Sie möchten, können Sie einige dieser Tools zu einer automatisierten End-to-End-Content-Plattform kombinieren. Heute gibt es für fast jeden Bereich des Marketings ein KI-Tool, sei es für Design, Texterstellung, E-Mail oder Analyse.

Sobald Ihre Hauptinhalte stehen, können Sie spezialisierte Tools einsetzen, um die Ergebnisse weiter zu optimieren. **Ocoya** generiert automatisch Dutzende Social-Media-Varianten und wählt die leistungsstärksten aus. **Anyword** bewertet Überschriften und Werbetexte nach voraussichtlichen Konversionsraten, bevor Sie Budget für Anzeigen ausgeben. **Unbounce Smart Copy** erstellt und optimiert Landingpages, die auf Ihre Zielgruppe und Ziele zugeschnitten sind. Diese Tools ersetzen zwar nicht Ihr Kernsystem, sorgen aber dafür, dass Ihre Veröffentlichungen die größtmögliche Wirkung entfalten.

Für kleine und lokale Unternehmen in Deutschland lohnt sich zusätzlich ein Blick auf **Localo**. Das Tool steigert Ihre Sichtbarkeit auf dem lokalen Markt, hilft beim Management von Rezensionen und optimiert standortbasierte Marketingkampagnen.

All das kann überwältigend wirken, wenn Sie bisher kaum mehr schaffen, als drei Posts pro Woche auf einer Plattform zu veröffentlichen. Es ist nicht nötig, alle diese Tools sofort einzuführen oder sich jedes einzelne zu merken. Wichtig ist nur, dass Sie wissen: Schon mit ein oder zwei kostengünstigen KI-Tools können Sie regelmäßig Inhalte veröffentlichen, die Follower und Verkäufe bringen, auch ohne ein vollwertiges Marketingteam.

Ein Beispiel für einen möglichen Tool-Stack: **neuroflash**, um Blogartikel zu erstellen, die Sie anschließend für Social Media und Ihren Newsletter wiederverwenden; **HeyGen**, um diese Blogs in YouTube-Videos umzuwandeln; und **Publer**, um alles zu planen und die erfolgreichsten Inhalte mehrfach zu nutzen. All das kostet Sie rund 300 Euro pro Monat für die KI-Tools und ein paar Stunden Ihrer Zeit. Eine Agentur kostet für kleine Unternehmen in der Regel ab etwa 1500 Euro pro Monat, bei größeren Unternehmen schnell 10.000 Euro oder mehr. Mit KI-Tools können also auch kleine Unternehmen deutlich größere Wettbewerber mit viel größeren Teams übertreffen.

Steigerung des Umsatzes

Einige der wertvollsten Anwendungen von KI im Vertrieb ergeben sich aus mühsamen, wenig glamourösen Aufgaben: E-Mails verfassen, Nachfassaktionen durchführen, Besprechungsnotizen in ein brauchbares Angebot umwandeln. Dinge, die nicht besonders spannend sind, aber notwendig, um Geschäfte voranzubringen.

Für diese Aufgaben reichen die grundlegenden KI-Tools, die Sie bereits früher im Buch kennengelernt haben, völlig aus:

- ChatGPT kann Kaltakquise-E-Mails optimieren, damit sie klar und selbstbewusst klingen.
- Notion AI kann Besprechungsnotizen in einen Entwurf für einen Vorschlag verwandeln.
- ChatGPT kann Sie bei der Erstellung von Vorlagen für den Umgang mit Einwänden unterstützen.

- Ihr CRM (Pipedrive, HoneyBook usw.) kann Erinnerungen und Nachverfolgungen übernehmen.
- Gemini in Google Docs kann Aktualisierungen in ein Format umwandeln, das Sie sofort teilen können.

Wenn Sie nach noch mehr Automatisierung suchen, die speziell für den Vertrieb entwickelt wurde, helfen KI-gestützte Vertriebsassistenten Teams dabei, schneller und effizienter zu arbeiten. Das sind längst nicht nur einfache Chatbots auf einer Website. **Regie.ai** konzentriert sich auf die Erstellung und Personalisierung von Vertriebsinhalten wie E-Mails und LinkedIn-Nachrichten. **Venta AI** vereinfacht die Ansprache, indem es Vertriebs-E-Mails in natürlichem Deutsch erstellt und personalisiert. Damit erhalten Vertriebsteams im DACH-Markt eine lokalisierte Option, die deutlich natürlicher wirkt.

Diese Tools übernehmen einen großen Teil der Fleißarbeit im Vertriebsprozess, aber sie schließen keine Deals. Vertrauen aufbauen und verhandeln müssen nach wie vor Menschen. Allerdings können diese Systeme einen Lead bereits weit vorqualifizieren, sodass der Kontakt bereits vorbereitet ist, wenn ein Vertriebsmitarbeiter hinzukommt. Reale Unternehmen berichten, dass diese Tools direkt zu messbaren Ergebnissen führen. Einige Teams berichten von 20 % mehr Conversions, andere von einer Steigerung um 47 %, und wieder andere schließen bis zu 40 % mehr Geschäfte ab.

Einige KI-Tools für den Vertrieb sind nicht darauf ausgelegt, nur langweilige Aufgaben zu erledigen, sondern Vertriebsmitarbeiter aktiv dabei zu unterstützen, bessere Verkäufer zu werden.

Bei der Analyse kann **Gong** vergangene Gespräche auswerten, um aufzuzeigen, was Top-Verkäufer anders machen, und um gefährdete Deals zu identifizieren. **Cresta** ist stärker auf Echtzeit-Coaching während laufender Gespräche spezialisiert, bietet aber ebenfalls Analysefunktionen. **Clari** wiederum nutzt KI, um Pipelines zu analysieren und die Wahrscheinlichkeit von Abschlüssen vorherzusagen. Mit **Clari Copilot**, dem KI-gestützten Conversation-Intelligence-Tool, lassen sich Gesprächsinhalte zudem auch auf Deutsch transkribieren.

Keines dieser Tools ersetzt einen großartigen Verkäufer, und das ist auch nicht ihr Ziel. Stattdessen verschaffen sie Vertriebsteams die Ressourcen, um Störfaktoren auszublenden und sich auf das zu konzentrieren, was sie am besten können: Abschlüsse erzielen. Anstatt Jobs überflüssig zu machen, zeigen Berichte zudem, dass Unternehmen, die KI im Vertrieb einsetzen, mehr Abschlüsse erzielen und häufig sogar zusätzliche Vertriebsmitarbeiter einstellen.

KI-gestützte Kundenerfahrung

Wenn aus Interessenten Kunden werden, ist der nächste Schritt, ihnen das Gefühl zu geben, die richtige Entscheidung getroffen zu haben. Genau hier kann KI überraschend viel bewirken. Nicht, weil sie den menschlichen Kontakt ersetzt, sondern weil sie Ihnen mehr Möglichkeiten eröffnet, jeden einzelnen Kunden wie einen VIP zu behandeln, mit hoher Aufmerksamkeit und Engagement, ohne dass dies viel zusätzlichen Aufwand erfordert.

Wenn Sie mit schlanken Ressourcen arbeiten, reichen die bereits vorgestellten universellen Tools (ChatGPT, Notion AI und Gemini) für die Grundlagen wie Onboarding-Checklisten, persönliche Follow-ups oder die Erstellung von Referenzen völlig aus. Die in diesem Abschnitt vorgestellten Lösungen sind zwar nicht ausschließlich „KI-Tools", verfügen aber über KI-Funktionen, die Ihnen diese Arbeit abnehmen können.

Und wenn Sie in einer stark regulierten oder compliancegetriebenen Branche wie Versicherungen, Finanzdienstleistungen oder Gesundheitswesen tätig sind, zahlt sich der Einsatz von **Instabase** schnell aus. Es befreit Ihr Team von administrativen Aufgaben, indem es Dokumente automatisch einliest, verarbeitet und kategorisiert, Compliance-Risiken kennzeichnet und sogar Identitäten überprüft.

Da nicht alle Kunden gleich sind und unterschiedliche Anforderungen haben, nutzt **EverAfter** KI, um individuelle Kundenportale zu erstellen, die speziell auf den jeweiligen Bedarf zugeschnitten sind. Diese Portale unterstützen das Onboarding und den Customer-Success-Plan und liefern personalisierte Empfehlungen, die sich an den Zielen des Kunden orientieren.

ChurnZero bringt KI direkt in den Bereich Customer Success mit seiner Customer-Success-AI-Plattform. KI-gestützte Agenten agieren wie digitale Teamkollegen für Customer-Success-Manager: Sie analysieren Produktnutzung, Engagement, Umfragedaten und CRM-Integrationen und verschaffen so einen 360-Grad-Blick auf jeden Kunden. Mit seinen vielseitigen Funktionen hilft ChurnZero Teams, Abwanderungsrisiken frühzeitig zu erkennen, Kundeninteraktionen in großem Maßstab zu personalisieren und neue Wachstumschancen zu erschließen.

Sie lagern Ihre Kundenbeziehungen nicht an KI aus. Sie nutzen sie vielmehr, um Aufgaben zu übernehmen, die keinen direkten menschlichen Einsatz erfordern, damit Sie und Ihr Team den Kunden jederzeit in den Mittelpunkt stellen können.

So wie KI Vertriebsteams dabei unterstützt, mehr Zeit für den Abschluss von Geschäften zu haben, ermöglicht sie Account-Managern und Customer-Success-Teams, ihre Energie auf die Erfüllung von Zusagen zu konzentrieren. Das Ergebnis: Zufriedene Kunden werden zu begeisterten Fans. Und begeisterte Fans bedeuten langfristige Kundenbindung.

KI für die Personalabteilung

Die Personalabteilung hat viele Aufgaben zu erledigen, die jedoch oft wenig wertschöpfend wirken: Stellenbeschreibungen verfassen, Lebensläufe sichten, Einstellungsunterlagen verwalten, Gehaltsabrechnungen bearbeiten und Compliance-Vorgaben einhalten. Keine dieser Aufgaben sollte vom eigentlichen Ziel der Personalabteilung ablenken, nämlich dem Aufbau starker Teams und einer starken Unternehmenskultur. KI wird die menschliche Seite der Personalbeschaffung und -entwicklung nicht ersetzen, aber sie kann den Zeitaufwand für Verwaltungsaufgaben drastisch reduzieren.

Die Einstellung des richtigen Kandidaten ist nach wie vor eine der schwierigsten Aufgaben in Unternehmen. Firmen investieren enorme Mengen an Zeit und Geld in die Personalbeschaffung. KI kann jedoch bei der Lösung beider Probleme helfen, und es gibt eine ganze Reihe von Tools, die speziell für die Talentakquise entwickelt wurden.

Zunächst benötigen Sie die richtige Stellenbeschreibung. **sixfiftyAI** beschleunigt den Prozess, indem es rechtskonforme, vorurteilsfreie Stellenbeschreibungen entwirft und die Sprache so verfeinert, dass sie sowohl zur Rolle als auch zur Unternehmenskultur passt. Wenn es darum geht, Bewerber zu prüfen und Vorstellungsgespräche zu führen, helfen Plattformen wie **HireVue** und **Interviewer.ai** mit KI-gestützten Video-Bewertungen, Verhaltensanalysen und Lebenslauf-Screenings dabei, schnellere und bessere Kandidaten zu finden. Ihre Modelle tragen auch dazu bei, Vorurteile im Bewerberauswahlprozess zu reduzieren.

Sobald Sie die richtige Person für die Stelle gefunden haben, können sich die HR-Teams, statt sich mit wiederholten Anfragen zu beschäftigen, darauf konzentrieren, eine angenehme erste Woche für neue Teammitglieder zu gestalten. **LeenaAI** kann neue Mitarbeiter durch die Onboarding-Schritte begleiten, häufig gestellte Fragen zu Themen wie Sozialleistungen und Unternehmensrichtlinien beantworten und sogar die Compliance-Unterlagen automatisieren. Die

Einrichtung ist zwar aufwändig, da Sie Leena AI alle HR-Informationen Ihres Unternehmens zur Verfügung stellen müssen, aber die Zeitersparnis lohnt sich.

Bei der Personalarbeit geht es nicht nur darum, neue Mitarbeiter einzustellen, sondern auch darum, die richtigen Mitarbeiter zu halten. KI-Tools wie **eightfold.ai** und Plattformen zur Mitarbeiterbindung wie **Workday Peakon** können Umfrageantworten, Leistungsdaten und Fluktuationsmuster analysieren. So unterstützen sie Personalverantwortliche dabei, bessere Entscheidungen in Bezug auf Personalplanung, Karriereentwicklung und Unternehmenskultur zu treffen.

HR hat immer mit sensiblen Daten zu tun, daher sind Datenschutz, Zugriffskontrolle und Compliance-Prüfungen unverzichtbar. Richtig eingesetzt, entlasten diese KI-Tools die Personalabteilung von Routineaufgaben und geben den Fachleuten das, was sie am dringendsten brauchen: mehr Zeit für die Menschen.

Implementierung und Skalierung von KI in einer Teamumgebung

Hoffentlich erkennen Sie inzwischen das Muster. In Finanzen, Vertrieb, Marketing und Personalwesen übernimmt KI überall dieselbe Aufgabe: Sie kümmert sich um repetitive Tätigkeiten, damit Ihr Team mehr Zeit für Aktivitäten hat, die das Unternehmen tatsächlich voranbringen. KI funktioniert jedoch nur, wenn sie in tragfähige, bestehende Prozesse eingebunden wird. Wird sie in ein fehlerhaftes System integriert, verstärkt sie lediglich das Chaos.

Aus diesem Grund ist eine komplette Überarbeitung selten sinnvoll. Es empfiehlt sich, klein anzufangen. Überlegen Sie sich einen Arbeitsablauf, den Ihr Team ohnehin jede Woche durchführt und der mehr Zeit beansprucht, als er sollte. Für viele Unternehmen sind das die sozialen Medien. Ein Marketingassistent verbringt Stunden damit, einen Blogbeitrag in ein LinkedIn-Update, eine Instagram-Bildunterschrift, einen Thread auf X (Twitter) oder sogar eine E-Mail umzuwandeln. Mit einem KI-Tool zur Wiederverwendung wie **Copy.ai Workflows** oder **Taplio** lässt sich dieser gesamte Prozess von einer Stunde auf zehn Minuten verkürzen.

Oder betrachten wir die Personalbeschaffung. Anstatt zu versuchen, den gesamten Rekrutierungsprozess zu automatisieren, beginnen Sie mit dem Teil, den alle meiden: dem Stapel von Lebensläufen. Ein KI-Screening-Tool kann Bewerber mit den richtigen Schlüsselwörtern markieren und offensichtliche Fehlbesetzungen innerhalb von Minuten herausfiltern. Der Personalverantwortliche entscheidet weiterhin, wen er zu einem Vorstellungsgespräch einlädt, muss dafür aber nicht mehr zwei Tage lang Lebensläufe sichten.

Das Muster ist unabhängig von der Abteilung dasselbe. Wählen Sie einen Arbeitsablauf aus. Fügen Sie ein Tool hinzu. Setzen Sie es 90 Tage lang konsequent ein. Behalten Sie es bei, wenn es tatsächlich Zeit und Aufwand spart. Fahren Sie dann mit dem nächsten Prozess fort.

In größeren oder komplexeren Unternehmen gilt für Pilotprojekte weiterhin ein Zeitraum von 90 Tagen. In der Regel lässt sich innerhalb von drei Monaten feststellen, ob ein Tool zum Arbeitsablauf passt. Die Einführung in mehreren Teams oder in Prozessen mit hohen Compliance-Anforderungen kann jedoch länger dauern. Rechnen Sie mit sechs bis zwölf Monaten für die vollständige Einführung, insbesondere wenn rechtliche, sicherheitsrelevante oder regionale Unterschiede berücksichtigt werden müssen.

Profi-Tipp: Geben Sie nicht zu früh auf. Zu Beginn kann die Nutzung von KI-Tools tatsächlich länger dauern als Ihr bisheriger Prozess, da Ihr Team erst lernen muss, wie man die Ergebnisse effektiv abfragt, optimiert und anwendet. Viele geben zu früh auf und behaupten, „KI funktioniert nicht“, obwohl sie sich in Wirklichkeit nicht genug Zeit genommen haben, um damit vertraut zu werden. Behandeln Sie KI wie eine neue Fertigkeit, denn genau das ist sie, und der ROI wird sich einstellen, sobald Ihr Team damit vertraut ist.

Erste Schritte

Wenn Sie bereit sind, KI in Ihrem Unternehmen einzuführen, beginnen Sie einfach und bleiben Sie fokussiert:

- Überprüfen Sie Ihren Zeitaufwand und identifizieren Sie wiederkehrende Aufgaben.
- Wählen Sie einen Prozess mit geringem Risiko, den Sie als Erstes optimieren möchten.
- Systematisieren Sie ihn mit einer Checkliste oder Vorlage.
- Setzen Sie Automatisierungen nur dann ein, wenn sie wirklich Zeit sparen.
- Nutzen Sie die KI-Tool-Übersichtstabelle am Ende dieses Kapitels, um das richtige Tool für die jeweilige Aufgabe auszuwählen.

Die meisten Unternehmen fühlen sich von KI überfordert, weil sie sie als Strategie und nicht als Werkzeug betrachten. Erfolgreiche Unternehmen versuchen nicht, „alles mit KI zu machen“. Sie schaffen Dynamik, indem sie KI Schritt für Schritt in einzelne Aufgaben oder Prozesse integrieren. So verbessern sie bestehende Abläufe, ohne ihr gesamtes Geschäft umkrempeln zu müssen.

KI-Tools für Geschäftsabläufe

Tool	Beschreibung
Buchhaltung	
BuchhaltungsButler	KI-zentriertes Tool, das Belege automatisch kategorisiert, Transaktionen abgleicht und Abweichungen erkennt.
Lexoffice	Weit verbreitetes Buchhaltungstool mit Automatisierungen wie OCR-Belegerkennung, Bankabgleich und DATEV-Kompatibilität.
SevDesk	Cloud-Buchhaltung mit automatisierter Kategorisierung, Bankabgleich und DATEV-Schnittstelle.
Marketing	
Jasper	All-in-One-Marketingtool zur Erstellung kompletter Kampagnen (E-Mails, Anzeigen, Blogartikel, Landingpages).
neuroflash	KI für lange, SEO-freundliche Blogartikel und Texte auf Deutsch.
Publer	Social-Media-Planungstool, das Posts erstellt, wiederverwertet und kanalübergreifend veröffentlicht.
Metricool	Alternative zu Publer für Social-Media-Planung und Analyse.
Ocoya	Erstellt automatisch viele Social-Media-Varianten und wählt die leistungsstärksten aus.
Anyword	Bewertet Überschriften und Texte nach Konversionswahrscheinlichkeit.
Unbounce Smart Copy	Erstellt und optimiert Landingpages auf Basis von Zielgruppe und Kampagnenzielen.
Localo	Optimiert lokale Sichtbarkeit, Rezensionen und standortbasiertes Marketing.
HeyGen	Wandelt Texte oder Blogartikel in Videos mit Avataren und Voiceover um.
Copy.ai Workflows	Automatisiert die Wiederverwendung von Inhalten (z. B. Blogposts in Social-Media-Posts).
Vertrieb	
Regie.ai	Erstellt und personalisiert Vertriebsinhalte wie E-Mails und LinkedIn-Nachrichten.

KI-Tools für Geschäftsabläufe (Fortsetzung)

Venta AI	Erstellt und personalisiert Vertriebs-E-Mails direkt auf Deutsch (lokalisierte Lösung für DACH).
Gong	Analysiert vergangene Verkaufsgespräche, zeigt Muster auf und identifiziert gefährdete Deals.
Cresta	Echtzeit-Coaching während Gesprächen, kombiniert mit Analysefunktionen.
Clari	Analysiert Sales-Pipelines, prognostiziert Abschlüsse und transkribiert Gespräche (inkl. Deutsch).
Taplio	Spezialisiert auf LinkedIn, automatisiert Content-Wiederverwendung und Engagement.
Kundenerf	
Instabase	Liest, verarbeitet und kategorisiert Dokumente automatisch; erkennt Compliance-Risiken und prüft Identitäten.
EverAfter	Erstellt individuelle Kundenportale für Onboarding, Success-Pläne und Empfehlungen.
ChurnZero	Customer-Success-Plattform mit KI-Agenten zur Analyse von Nutzung, Engagement und Abwanderungsrisiken.
Personalwesen	
sixfiftyAI	Erstellt rechtskonforme, vorurteilsfreie Stellenbeschreibungen und optimiert Sprache für Rolle und Kultur.
HireVue	KI-gestützte Video-Bewertungen und Verhaltensanalysen für schnellere Kandidatenauswahl.
Interviewer.ai	Automatisiertes Screening und Video-Interviews mit KI-Auswertung.
LeenaAI	Digitaler HR-Assistent für Onboarding, FAQ-Antworten und Compliance-Automatisierung.
eightfold.ai	Analysiert Daten zu Skills, Leistung und Fluktuation für Personalentscheidungen.
Workday Peakon	Plattform zur Mitarbeiterbindung, analysiert Feedback und unterstützt Kulturentwicklung.

13

So gründen Sie ein Unternehmen mit generativer KI

ERINNERN SIE SICH AN ARNOLDS KI-PODCAST? Damit hat er nicht nur ein Publikum überzeugt, dass es sich um echte Inhalte handelt, sondern auch eine treue Hörerschaft gewonnen und eine Bewertung von 4,9 erzielt. Das ist der Beweis dafür, dass man mit Transparenz und Qualität KI-gestützte Produkte schaffen kann, die die Menschen wirklich schätzen. Auch wenn Sie nicht Arnold sind, gelten dieselben Prinzipien – unabhängig von der Größenordnung. KI wird Sie nicht über Nacht reich machen. Solo-Gründer mit den richtigen KI-Tools können heute jedoch das erreichen, wofür früher ganze Teams erforderlich waren. Menschliche Visionen und Urteilsvermögen treiben Unternehmen voran; KI übernimmt repetitive, alltägliche Aufgaben, die kein strategisches Denken erfordern.

Als ich mit dem Veröffentlichen auf Amazon begann, benötigte ich monatlich 2000 €, um meine Rechnungen zu bezahlen. Dieses einfache Ziel entwickelte sich zu einem Geschäft mit mehreren Einkommensströmen, das meine kühnsten Erwartungen übertraf, und generative KI bildete dessen Grundlage. Zunächst kam das Selbstveröffentlichen. KI half zunächst bei kleinen Aufgaben wie dem Entwerfen von Gliederungen und dem Verfassen von Beschreibungen. Durch Experimentieren stieß ich auf KI-Tools, mit denen ich einen Blog erstellen, eine Präsenz in den sozialen Medien aufbauen und schließlich „Content-Maschinen" entwickeln konnte, die große Teile des Prozesses automatisieren.

Mehrere Einnahmequellen sind mittlerweile nahezu vollständig automatisiert. KI übernimmt die meisten Aufgaben. Dennoch kontrolliere ich die Qualität jedes einzelnen Produkts.

Meine ursprüngliche Motivation für den Aufbau passiver Einkommen war die Erschöpfung durch eine wenig erfüllende Arbeit. Ich strebte ein Leben an, das wirklich meinen Werten entsprach. Ironischerweise arbeite ich derzeit mehr Stunden als in meinem früheren Job. Etwas Sinnvolles aufzubauen, verwandelt endlose Hektik in die Chance, ein Leben nach eigenen Vorstellungen zu gestalten. Sobald man beginnt, sich für das zu interessieren, was man aufbaut, geht es weniger um passives Einkommen als vielmehr darum, Optionen zu haben. Ich bin zuversichtlich, dass Sie die gleiche Erfahrung machen werden.

Verkauf von KI-generierten digitalen Produkten

Wenn KI der Weg zur Umsetzung einer größeren Vision ist, die Sie verfolgen, ist die Entwicklung digitaler Produkte ein hervorragender Ansatzpunkt, der mit relativ geringen Investitionen verbunden ist.

Wenn Sie mit KI ein hervorragendes Produkt entwickeln und dieses mit Ihrer Zielgruppe oder einem geringen Marketingbudget kombinieren, können Sie ein potenziell bedeutendes Unternehmen aufbauen. Das Besondere an der Entwicklung digitaler Produkte mit KI ist, dass Sie sich eine Nische aussuchen können, für die Sie wirklich brennen. Dies können Hobbys wie Basteln, Sport, Katzen, Camping oder Ihre berufliche Expertise sein.

Digitale Produkte über soziale Medien

Für die meisten Personen, die ohne Publikum, ohne finanzielle Mittel und mit begrenzter Zeit beginnen, sind soziale Medien der schnellste Weg, um einfache digitale Produkte auf den Markt zu bringen und zu verkaufen. Dabei handelt es sich nicht um Unternehmen, die über Nacht groß werden, aber es sind echte Nebentätigkeiten, die Sie in Teilzeit ausüben und zu etwas Größerem ausbauen können.

Hier sind einige Beispiele für Produkte, die aktuell besonders gut laufen:

- Vielbeschäftigte Eltern, die auf TikTok kurze „Life-Hacks“ teilen und dann auf Etsy oder Gumroad Links zu ausdruckbaren Tabellen für die

morgendliche Familienroutine oder zur Erfassung von Hausarbeiten bereitstellen.
- Lehrer erstellen einfache Wochenplaner oder ChatGPT-Prompt-Sammlungen für die Unterrichtsplanung und verkaufen diese über einen Link in ihrer Biografie, nachdem sie hilfreiche Tipps für Lehrer gepostet haben.
- Fitnessbegeisterte veröffentlichen kurze Clips mit Heimtrainingsübungen und bieten Trainingspläne, Ernährungspläne sowie Meal-Prep-Anleitungen als digitale Downloads an.
- Studierende oder junge Berufstätige erstellen Vorlagen für Lebensläufe, Anschreiben und LinkedIn-Profile und bewerben sie mit kurzen Clips. Darin zeigen sie, wie man sich auf einem umkämpften Arbeitsmarkt von der Masse abhebt.
- Hobbyköche, die einfache Rezeptvideos teilen und wöchentliche Speisepläne mit Einkaufslisten im PDF-Format verkaufen.
- Nischen-Hobbyisten (wie Bastler, Gärtner oder Fotografen) bauen sich mit Tutorials ein Publikum auf und bieten Projektvorlagen, Checklisten für Materialien oder Bearbeitungsvoreinstellungen als kostenpflichtige Downloads an.
- Budget-Tracker in Notion oder Google Sheets, die als Vorlagen angeboten und gleichzeitig in TikTok-Beiträgen mit dem Titel „Wie ich diesen Monat 500 Dollar gespart habe" veröffentlichen.
- Mindset- oder Wellness-Creators, die kurze Journaling-Anregungen auf Reels aufzeichnen und ausdruckbare Affirmationskarten oder Vorlagen für geführte Reflexionen verkaufen.

Wichtig ist, dass für all dies weder ein Ladenlokal noch ein Lager oder gar ein großes Publikum erforderlich sind. Alles, was Sie benötigen, ist:

1. Eine Produktidee, die ein kleines, aber echtes Problem löst.
2. Einige Beiträge, die das Produkt in Gebrauch zeigen.
3. Ein Link in der Biografie (Stan Store, Gumroad, Etsy, Payhip), über den das Produkt sofort erworben werden kann.

Sie können ChatGPT bitten, Ideen für Inhalte für Instagram, TikTok oder YouTube Shorts für einen Monat zu generieren, die zu dem Problem passen, das Ihr Produkt löst. Es kann auch Skripte, Bildunterschriften, Hashtags und Handlungsaufforderungen entwerfen, sodass Sie sich auf die Aufnahme konzentrieren können. Sobald Sie einige Videos veröffentlicht haben, können Sie mit Canva ganz einfach Screenshots oder Clips in Beiträge für verschiedene Plattformen umwandeln. Sie werden nicht über Nacht viral gehen und Millionär werden, aber wenn Sie konsequent bleiben und mit verschiedenen Ansätzen experimentieren, um Ihre Zielgruppe anzusprechen, wird sich dies letztendlich in Form von Verkäufen auszahlen.

Kreative, die genau diesen Prozess anwenden, verdienen zwischen einigen hundert Euro pro Monat und mehreren zehntausend Euro. Ein TikTok-Creator erzielte in nur zwei Wochen 22.000 US-Dollar (ca. 20.500 €), indem er ChatGPT, Canva und einen Stan Store nutzte. Ein anderer Unternehmer steigerte seinen Umsatz auf 20.000 US-Dollar pro Monat, indem er KI-gestützte Tagebücher und Arbeitsbücher verkaufte, die alle über soziale Medien beworben wurden. Dies sind reale Zahlen, die belegen, dass etwas, das „einfach" erscheint, in Verbindung mit Engagement und dem intelligenten Einsatz von KI tatsächlich äußerst profitabel sein kann.

Selbstveröffentlichung

Bücher sind Vermögenswerte, was das Selbstveröffentlichen zu einer der effektivsten Methoden macht, um KI in Einkommen umzuwandeln. Sobald sie mit Rezensionen auf Amazon verfügbar sind, können sie über Jahre hinweg mit minimalem Mehraufwand verkauft werden. Ein erfolgreiches Verlagsunternehmen kann mit dem 28- bis 42-Fachen seines monatlichen Einkommens bewertet werden. Wenn Ihr Verlagsunternehmen also nach Abzug der Betriebskosten 2900 € pro Monat erwirtschaftet, könnte es bis zu 120.000 € wert sein. Manche Verlage erzielen sogar monatlich 9500 bis 19.000 €. Das ist beeindruckend, wenn man sich die Zahlen vor Augen führt.

Ich kann hier nicht alle Schritte zum Aufbau eines erfolgreichen Verlagsunternehmens behandeln. Das würde ein ganzes Buch füllen. Und Sie wissen nun, wie Sie KI nutzen können, um neue Fähigkeiten zu erlernen.

Ich möchte jedoch anmerken, dass es eine richtige und eine falsche Art gibt, Bücher mit KI zu veröffentlichen. Sicherlich haben Sie schon selbstveröffentlichte Bücher auf Amazon gelesen, bei denen Sie sich gefragt haben: „Was habe ich da gerade gelesen?" Die meisten Erstautoren erkennen nicht, wie erfolgreich Selbstveröffentlichungen sein können, weil sie sich nicht die Zeit nehmen oder die Mühe machen, ein qualitativ hochwertiges Produkt zu schaffen. Sie verwenden ChatGPT, um innerhalb eines Tages ein Buch zusammenzustellen, ohne die Leserfahrung zu berücksichtigen oder irgendwelche Überarbeitungen vorzunehmen. Dieses Buch wird kurz nach der

Veröffentlichung schlechte Rezensionen erhalten, was den Verkauf beeinträchtigen wird. Oder sie glauben, ein Buch müsse mindestens 80.000 Wörter haben, um den Lesern einen echten Mehrwert zu bieten, und geben daher auf, bevor sie es überhaupt veröffentlichen.

Die Personen, die mit KI im Selbstverlag Geld verdienen, veröffentlichen kürzere, zielgerichtete Bücher, die ein Problem lösen oder eine Neugierde befriedigen. Ein praxisnaher Leitfaden mit 20.000 bis 30.000 Wörtern kann profitabler sein als ein dicker Wälzer, da Leser wertvolle Informationen wünschen, die sie an einem Wochenende durcharbeiten können. Journals und Arbeitsbücher sind ein weiterer einfacher Einstieg, deren Erstellung nicht viel Zeit in Anspruch nimmt, die sich jedoch bei guter Positionierung und positiven Rezensionen stetig verkaufen. Mit diesen Produkten lässt sich zwar nicht so viel Geld verdienen, aber sie sind schneller zu erstellen. Malbücher und Aktivitätsbücher sind ebenfalls auf Amazon und Social-Media-Plattformen wie TikTok profitabel.

Zusätzlich zu einem hervorragenden Inhalt benötigen Sie jedoch ein ansprechendes Cover, einen guten Titel und Amazon-Werbung, um Ihre Verkäufe anzukurbeln und im Amazon-Algorithmus einen höheren Rang einzunehmen, damit Sie organische Verkäufe erzielen. Wenn Sie nur über wenig Startkapital verfügen, ist das Selbstveröffentlichen möglicherweise nicht das beste Geschäftsmodell für den Anfang. Es kann 60 bis 90 Tage dauern, ein hervorragendes Buch zu produzieren, und weitere 60 bis 90 Tage, um Amazon-Anzeigen zu testen, bevor Sie mit diesem Buch Gewinne erzielen. Es ist nicht ungewöhnlich, 1500 bis 3000 € für Anzeigen auszugeben, bevor Ihr Buch in den Rankings aufsteigt.

Hier sind die Tools, die ich tatsächlich für mein Verlagsgeschäft verwende:

- Claude zum Entwerfen und Erweitern von Kapiteln, Brainstorming von Titeln und Untertiteln
- LanguageTool zum Bearbeiten und Verbessern von Texten
- Canva zum Entwerfen von Covern und internen Grafiken
- Atticus für die Formatierung
- Veröffentlichung und weltweiter Vertrieb mit Amazon KDP
- Helium10 zum Starten und Verwalten von Amazon-Anzeigen

Veröffentlichen Sie zunächst ein Buch, dann ein weiteres. Ein einzelnes Buch wird wahrscheinlich keine nennenswerten Einnahmen generieren, aber drei bis fünf Bücher in einer Nische können leicht 500 bis 3000 € pro Monat einbringen.

Haben Sie jemals von einem Unternehmen mit einer Marge von 100 % gehört? Eine engagierte, kreative Person könnte ein Buch für 0 € erstellen, es auf Lulu Direct veröffentlichen und es ausschließlich über organische Reichweite auf TikTok verkaufen. Das wird nicht schnell gehen, aber Sie werden überrascht sein, was Sie in einem Jahr aufbauen können. Sobald diese Einnahmequellen einmal laufen, sind sie größtenteils passiv.

Online-Kurse

Kurse sind der Bereich, in dem Sie Ihr Fachwissen wirklich ausbauen können, jedoch sind sie mit höheren Anfangsinvestitionen verbunden. Viele angehende Unternehmer und Kursentwickler sehen, dass teure Kurse für 1.999 € angeboten werden und glauben, dass sie das von Anfang an nachmachen müssen. Doch kaum jemand schließt solche Kurse vollständig ab, und ihre Erstellung dauert sehr lange. Dieser Ansatz führt fast zwangsläufig zum Scheitern. Entweder geben Sie auf oder Sie verbringen mehrere Monate mit der Erstellung Ihres Kurses, nur um dann festzustellen, dass ganze Module für Ihre Zielgruppe nicht geeignet sind. Der schnellste Weg ist die Mikroausbildung: kurze, fokussierte Kurse, die ein Problem in einer einzigen Sitzung behandeln.

Genau wie bei Büchern wünschen sich Lernende Kurse, die sie an einem Wochenende absolvieren und das Gelernte sofort umsetzen können. Sie könnten eine Woche damit verbringen, einen 95-€-Mikro-Kurs zu erstellen, der 3-6 Stunden Lernzeit umfasst. Denken Sie an Themen wie „Wie man LinkedIn-Anzeigen in einer Stunde einrichtet“ oder „Einsteigerleitfaden zum Backen mit Sauerteig“ anstelle von „Das ultimative Komplettpaket zu Marketing, Brot und sämtlichen Lebensfragen.“ Kurze Kurse sind einfacher zu verkaufen, zu absolvieren und auf dem neuesten Stand zu halten. Sie sind auch eine relativ risikoarme Möglichkeit, Ihren Markt zu testen. Sie können etwas Kleines erstellen, mit dem Verkauf beginnen und dann anhand des Kundenfeedbacks Ihren Kurs verfeinern und Ihr Angebot erweitern. Ein solcher Mikro-Kurs kann sich im Laufe der Zeit schrittweise zu einem Kurs entwickeln, den Sie zunächst für 499 €, dann für 999 € und schließlich für 1.999 € verkaufen, je nachdem, wie viel Mehrwert Sie hinzufügen.

Was die Kurserstellung betrifft, kann KI Ihr Kursthema auswählen, Ihre Module skizzieren, Quizfragen erstellen, Arbeitsblätter entwerfen oder Präsentationen erstellen. Sie müssen jedoch weiterhin das Fachwissen und die Beispiele bereitstellen. Menschen zahlen nicht für allgemeine Informationen, die sie auch einfach googeln oder mit einem ChatGPT-Prompt erhalten könnten. Sie bezahlen für *Ihre* Erfahrung, die so organisiert ist, dass sie ihnen hilft, Ergebnisse zu erzielen. Denken Sie daran, dass KI lediglich Ihre Markteinführungszeit verkürzt.

Hier ist ein Beispiel für einen Tool-Stack, den Sie zur Erstellung Ihrer eigenen Kurse verwenden können:

- ChatGPT zum Entwerfen von Unterrichtseinheiten und Erstellen von Entwürfen für Materialien (Quiz, Arbeitsblätter, Skripte)
- Canva zum Entwerfen ansprechender Folien und unterstützender Grafiken
- Descript zum schnellen Aufzeichnen und Bearbeiten kurzer Lektionen ohne technische Kenntnisse
- Teachable zum Hosten und Verkaufen Ihres Kurses mit integrierter Kaufabwicklung und Teilnehmerverwaltung

Der Trick, um Aufmerksamkeit zu erlangen

Digitale Produkte verkaufen sich häufig nur dann, wenn es soziale Beweise dafür gibt, dass sie wirklich halten, was sie versprechen. Diese sozialen Beweise kommen in Form von Produktbewertungen, die von Kunden abgegeben werden, und die Anzahl der Bewertungen, die erforderlich sind, damit sich Ihr Produkt kontinuierlich verkauft, hängt stark von der jeweiligen Plattform ab.

Die ersten Bewertungen kommen selten von allein. Um sie zu bekommen, brauchen Sie eine klare Strategie. Der einfachste Weg ist, Ihre ersten Verkäufe an Personen zu tätigen, die Sie bereits kennen oder direkt erreichen können. Bieten Sie einen Frühbucherrabatt oder einen Bonus im Austausch für eine ehrliche Bewertung an. Treten Sie Communities auf Reddit, Facebook oder Discord bei, in denen sich Ihre Zielgruppe aufhält, und stellen Sie Ihr Produkt dort vor. Machen Sie deutlich, dass Sie Feedback suchen. Sie können Ihr neues Produkt auch im Rahmen eines preisgünstigen Angebots auf Plattformen wie Etsy oder Gumroad bündeln, um mehr Käufer und Bewertungen zu gewinnen. Das Ziel in dieser Phase ist es, Aufmerksamkeit zu erzeugen. Sobald Sie 5 bis 10 solide Bewertungen erhalten haben, steigen die Konversionsraten deutlich, und dann beginnt sich Ihre harte Arbeit in Form von Gewinnen auszuzahlen.

Die ersten Verkäufe und Bewertungen zu erzielen, ist häufig einfacher, wenn Sie bereits über ein Publikum verfügen (Newsletter, LinkedIn-Follower oder YouTube-Kanal). Wenn Sie noch kein Publikum haben, an das Sie verkaufen können, ist dies häufig der beste Ausgangspunkt, bevor Sie Ihre eigenen Produkte auf den Markt bringen. Generative KI kann Ihnen jedoch auch dabei helfen, ein Publikum aufzubauen und es gleichzeitig zu monetarisieren.

Erstellen Sie Inhalte, die Follower in Einnahmen verwandeln

Ein engagiertes Publikum wird zu einem Kapital, das Sie mit Werbung, Affiliate-Partnerschaften, Sponsoring oder später durch die Einführung eigener Produkte monetarisieren können. Aus diesem Grund beginnen viele Kreative mit Content-First-Modellen wie Blogs, Podcasts oder anonymen YouTube-Kanälen.

Was diese Modelle verbindet, ist, dass sie zu den kostengünstigsten Möglichkeiten gehören, um zu beginnen. Sie benötigen weder ein Ladengeschäft noch Lagerbestände und müssen nicht einmal Ihr Gesicht zeigen. Ihre wichtigste Investition ist Konsequenz.

Die Monetarisierung erfolgt zu einem späteren Zeitpunkt. Sobald Sie ein Publikum aufgebaut und dessen Vertrauen gewonnen haben, können Sie:

- Werbeeinnahmen aktivieren (YouTube, Blogs).
- Affiliate-Produkte bewerben, die zu Ihrer Nische passen.
- Eigene digitale Produkte oder Dienstleistungen an Ihr bestehendes Publikum verkaufen.

Viele Menschen beginnen hier. Es ist kostengünstig, lehrt Sie, wie Sie Vertrauen zu Ihrem Publikum aufbauen, und bereitet Sie darauf vor, später höherpreisige Produkte anzubieten.

Podcasting

Sie haben bereits gelernt, wie Sie einen einzelnen Blog-Artikel in einen Podcast umwandeln können. Aber wussten Sie, dass Sie einen Podcast zu einer beeindruckenden Einnahmequelle machen können? Sie können den gleichen Prozess, den Sie gelernt haben, skalieren.

Beginnen Sie damit, mit ChatGPT Ideen für Episoden zu generieren, erstellen Sie einen Entwurf für Ihre Sendung und erweitern Sie diesen Entwurf zu einem Skript. Verwenden Sie anschließend ElevenLabs, um die Episode mit einer natürlichen KI-Stimme aufzunehmen. Descript übernimmt die Bearbeitung, sodass Sie Schnitte setzen und Übergänge sauber gestalten können. Castmagic kann Ihre Episode in Transkripte, Zitate und Clips umwandeln, die Sie für

Werbezwecke verwenden können. Sobald alles fertig ist, laden Sie die Episode auf Spotify for Podcasters hoch, wo sie kostenlos überall verbreitet wird.

Wenn Ihre Episodenbibliothek wächst, können Sie Monetarisierungsstrategien hinzufügen. Affiliate-Links in Shownotes, mit ChatGPT entworfene Sponsoring-Angebote oder Premium-Bonusinhalte sind alles Optionen, sobald Sie Konsistenz und ein Publikum aufgebaut haben. Der Arbeitsablauf ändert sich nicht. Sie bauen einfach auf dem auf, was Sie bereits haben, und können zu älteren Episoden zurückkehren und diese Monate später monetarisieren.

Podcasting ist jedoch ein *langfristiges Projekt.* Wenn Sie auf schnelles Geld hoffen, ist dies wahrscheinlich nicht das richtige Modell für Sie. Oftmals dauert es Monate konsequenter Veröffentlichungen, bis ein Publikum groß genug ist, um Geld zu verdienen. Wenn Sie jedoch gerne Gespräche führen, Ideen austauschen oder sich in einer Nische etablieren möchten, kann ein Podcast eine unterhaltsame Möglichkeit sein, Geld zu verdienen.

Bloggen

Wenn Sie die vorherigen Kapitel verfolgt haben, wissen Sie bereits, wie einfach es ist, mit KI einen Blogbeitrag zu entwerfen, zu überarbeiten und zu veröffentlichen. Blogs sind jedoch nicht nur reine Marketing-Tools. Sie können sich zu Unternehmen entwickeln, die jedes Jahr Umsätze in Millionenhöhe erwirtschaften.

In der Vergangenheit konnte jemand, der 20 bis 30 Stunden pro Woche investierte, möglicherweise fünf Beiträge veröffentlichen. Mit den richtigen Tools und einem effizienten Prozess können Sie heute dieselbe Leistung in nur fünf bis zehn Stunden erbringen. Das bedeutet, dass Sie mehr Beiträge veröffentlichen und möglicherweise den Traffic Ihrer Website schneller steigern können als in der Vergangenheit.

Der Traffic ist die Grundlage jedes Blogs. Sobald ein Beitrag in Suchmaschinen rankt und Leser anzieht, können Sie mit Ihren Blogbeiträgen Geld verdienen. Einige Beiträge sind informativ und zielen darauf ab, Ihre Leser über ein bestimmtes Thema zu informieren. Andere sind transaktional, wobei die Leser in der Regel die Absicht haben, ein Produkt zu erwerben. Dies sind Ihre ‚Top-7-Tools-zum-Erreichen-von-Zielen'-Beiträge, in denen Personen vor einem Kauf Recherchen durchführen. Wenn sie Ihren Beitrag lesen, auf Ihren individuellen Link klicken und anschließend einen Kauf tätigen, erhalten Sie eine Provision.

Diese Provisionen können wenige Euro betragen – oder auch Hunderte bis Tausende. Dies hängt vom Produkt und der Nische ab.

Alternativ können Sie, wenn Sie über ein eigenes Produkt oder einen eigenen Kurs verfügen, der Ihrer Zielgruppe dabei helfen könnte, ihre Ziele zu erreichen, diese ebenfalls in Ihren Beiträgen anbieten. Ein einzelner erfolgreicher Beitrag kann über Jahre hinweg stetige Einnahmen generieren, jedoch sind in der Regel Dutzende von Veröffentlichungen erforderlich, bevor Sie konsistente Ergebnisse erzielen.

Ähnlich wie beim Podcasting ist auch das Bloggen ein längerfristiges Unterfangen als einige andere KI-Geschäftsmodelle. Für die meisten Anfänger ist es strategisch am sinnvollsten, das Bloggen als *Grundlage* und nicht als Endziel zu betrachten. Ein Blog allein bringt in den ersten sechs Monaten selten viel ein, aber es ist eine der kostengünstigsten Möglichkeiten, um ein Publikum aufzubauen und sich in Ihrer Nische zu etablieren. Später können dieselben Leser zu Kunden für Ihre Kurse, Bücher oder Vorlagen werden.

Um einen Blog mit generativer KI zu starten, ist es wichtig, einen einfachen Prozess zu entwickeln, den Sie wiederholen können. Der erste Schritt ist die Keyword-Recherche. Mit LowFruits.io lassen sich Suchbegriffe mit hoher Nachfrage und geringem Wettbewerb leicht finden. Sie können mit einem breiten Thema beginnen, die Ergebnisse überprüfen und die Keywords auswählen, die zu Ihrer Zielgruppe passen.

Sobald Sie diese Keywords haben, nutzen Sie ChatGPT, um Artikelideen zu finden, die zu ihnen passen. Das Ziel ist es, die Suchabsicht zu erfüllen. Wenn das Keyword „beste Budgetierungs-Apps“ lautet, ist ein Vergleichsbeitrag, der den Lesern bei der Auswahl hilft, der richtige Ansatz. Wenn das Keyword „Wie fängt man mit der Essensvorbereitung an“ lautet, sollte der Ansatz eine klare, schrittweise Anleitung sein. Die Kombination von Keywords mit gut ausgearbeiteten Ideen liefert Ihnen den Rahmen für einen Content-Kalender.

ChatGPT kann anhand des Stichworts und der zugrunde liegenden Absicht eine Gliederung erstellen. Durch die Erweiterung jedes Abschnitts zu einem vollständigen Artikel bleibt der Text auf Kurs und stellt sicher, dass die Leser das erhalten, was sie suchen.

WordPress ist eine zuverlässige Plattform zum Formatieren und Planen von Beiträgen, jedoch müssen Sie Ihre Website selbst gestalten. Es gibt Tools, mit denen Sie Ihre Website ganz einfach anhand einer Vorlage erstellen können, aber auch Websites wie Durable, die wir zuvor für die Veröffentlichung unseres Blogbeitrags genutzt haben, sind sehr hilfreich.

Die Einbindung von Bildmaterial in Ihre Beiträge ist ebenfalls entscheidend, um das Interesse Ihrer Leser zu wecken und Ihre Inhalte übersichtlich zu gestalten. Sie können in Canva oder Midjourney Bilder, Diagramme, Infografiken oder Grafiken für soziale Medien entwerfen. Wenn Sie diese parallel zum Entwurf erstellen, stellen Sie sicher, dass jeder Artikel für sich allein steht und beim Teilen eine gute Wirkung erzielt.

Der Ablauf ist unkompliziert. Beginnen Sie mit Stichwörtern, kombinieren Sie diese mit Ideen, erstellen Sie einen Entwurf mit KI, fügen Sie Bildmaterial hinzu, veröffentlichen Sie den Beitrag und verfolgen Sie die Ergebnisse.

Anonyme YouTube-Kanäle

Denken Sie an die „Top 10"-Listenvideos, Geschichtsvideos, Technik-Tutorials oder storybasierten Kurzfilme, die Sie wahrscheinlich schon gesehen haben, ohne zu bemerken, dass kein Ersteller auf dem Bildschirm zu sehen war. Genau das ist ein anonymer YouTube-Kanal: ein Kanal, auf dem Sie nie vor der Kamera erscheinen. Stattdessen erstellen Sie Videos mit Skripten, Voiceovers, Archivmaterial oder sogar KI-Avataren. Neben den oben genannten Beispielen gibt es zahlreiche weitere Möglichkeiten, dies zu erreichen. Sie könnten sogar mit anderen generativen KI-Tools, die Sie in diesem Buch kennengelernt haben, kreativ werden, um KI-generierte Entspannungsmusik mit ruhigen KI-generierten Bildern zu produzieren und diese auf YouTube als Musik zum Lernen zu veröffentlichen.

Der Vorteil von YouTube gegenüber Blogs ist die Geschwindigkeit. Es kann mehrere Monate dauern, bis ein Blogbeitrag die erste Seite von Google erreicht, während ein einzelnes YouTube-Video, das im Algorithmus landet, innerhalb weniger Tage Tausende von Aufrufen erzielen kann.

Die Monetarisierungsmethoden ähneln denen des Bloggens. Sobald Ihre Videos Aufrufe erhalten, können Sie Affiliate-Links zu den Beschreibungen hinzufügen oder Ihre eigenen digitalen Produkte bewerben. Auch hier gilt, dass bestimmte Nischen einfacher zu monetarisieren sind als andere, insbesondere im Bereich der anonymen Kanäle. Wenn Ihr Kanal die Anforderungen des YouTube-Partnerprogramms erfüllt, können Sie mit den Aufrufen Ihrer Videos Werbeeinnahmen generieren.

Der Aufbau eines anonymen YouTube-Kanals mit KI erfordert die Entwicklung eines wiederholbaren Systems. Der erste Schritt besteht in der Recherche von Keywords und Themen. VidIQ zeigt Ihnen, wonach Zuschauer suchen und wie wettbewerbsfähig die einzelnen Themen sind. Sobald Sie die Keywords identifiziert haben, kann ChatGPT diese zu Skripten verarbeiten, die der Suchabsicht entsprechen und das Interesse der Zuschauer aufrechterhalten.

Nachdem die Skripte fertiggestellt sind, folgt die Produktion. Pictory kann Ihr Skript automatisch mit Stock-Videos, Bildern und Hintergrundmusik kombinieren, um einen ersten Entwurf zu erstellen. Allerdings ist der Ablauf nicht immer optimal, daher ist es empfehlenswert, das Skript in Abschnitte zu unterteilen und die ausgewählten Clips zu überprüfen. Durch das Einfügen von besserem Filmmaterial an den entsprechenden Stellen wird sichergestellt, dass die Geschichte stimmig ist. Der nächste Schritt ist Descript, wo Sie das Video zuschneiden, optimieren und mit Untertiteln versehen, damit es klar und professionell wirkt.

Thumbnails sind entscheidend, um Klicks zu gewinnen. Wenn Sie diese nicht manuell gestalten möchten, können einfache KI-Tools wie Fotor und Hotpot.ai in wenigen Minuten gebrauchsfertige Thumbnails erstellen. Sie bieten Ihnen auffällige Designs ohne großen Aufwand. Wenn Sie lieber ein einheitliches Branding beibehalten möchten, ist Canva nach wie vor eine gute Option für die Erstellung wiederverwendbarer Vorlagen. TubeBuddy geht noch einen Schritt weiter und ermöglicht Ihnen die Durchführung von A/B-Tests, damit Sie sehen können, welches Thumbnail mehr Klicks erzielt, und datengestützte Entscheidungen treffen können.

Der letzte Schritt ist die Optimierung Ihrer Videos für Reichweite und Sichtbarkeit. TubeBuddy unterstützt auch bei der Verfeinerung von Titeln, Tags und Beschreibungen, wodurch Ihre Videos ein höheres Ranking erzielen und in den empfohlenen Feeds erscheinen können.

Der Arbeitsablauf ist unkompliziert: Recherchieren Sie mit VidIQ, erstellen Sie Skripte mit ChatGPT, stellen Sie Inhalte mit Pictory und Descript zusammen und verfeinern Sie sie, generieren Sie Thumbnails mit Fotor oder Hotpot.ai und testen und optimieren Sie mit TubeBuddy. Mit jedem Zyklus werden Sie schneller und die Qualität Ihres Kanals verbessert sich.

Allerdings sind anonyme Kanäle, Podcasts, Bücher und Planer kein ‚schnelles Geld'. Aus diesem Grund widmen sich nicht alle dieser Tätigkeit. Jeder kann ein digitales Produkt erstellen. Bücher und andere digitale Produkte benötigen

Rezensionen. Die Herausforderung besteht nicht darin, Inhalte zu erstellen, sondern lange genug dranzubleiben, bis sie tatsächlich Einnahmen einbringen. Ich habe beobachtet, wie viele angehende Unternehmer Bücher auf Amazon veröffentlicht haben und dann erkannt haben, dass der Verkauf ihres Buches der schwierige Teil ist.

Die meisten Blogs und YouTube-Kanäle werden erst dann erfolgreich, wenn sie 30, 50 oder sogar 100 veröffentlichte Inhalte umfassen. Ihre Inhalte müssen sowohl für SEO als auch für die Plattform, auf der Sie sie veröffentlichen, optimiert sein. Diese Geschäftsmodelle können zu den lohnendsten gehören, wenn Sie bereit sind, dieses Maß an Konsistenz aufrechtzuerhalten. Sie können weitgehend passiv werden, sobald Sie die Maschine aufgebaut haben und sie reibungslos läuft.

Wenn Sie von Anfang an auf Skalierbarkeit setzen möchten, können Sie Blogbeiträge erstellen, die Sie in Podcasts und YouTube-Videos umwandeln.

Erstellung von Inhalten für Unternehmen

Inhalte sind eine der einfachsten Möglichkeiten, KI in Umsatz umzuwandeln. Jedes Unternehmen profitiert von Blogs, Newslettern, Social-Media-Beiträgen und Kurzvideos, aber die meisten Unternehmer haben weder die Zeit noch das Interesse, regelmäßig Inhalte zu veröffentlichen. Diese Lücke bietet eine Chance.

Der einfachste Weg, um zu beginnen, ist mit einer Dienstleistung, die Sie wiederholt anbieten können. Sie könnten beispielsweise einen Blogbeitrag zu LinkedIn-Updates, Instagram-Captions und einem Newsletter aufbereiten. Oder Sie könnten ein aufgezeichnetes Webinar in fünf kurze Videos mit Untertiteln aufteilen.

Zu Beginn benötigen Sie lediglich ein klares Angebot und eine Plattform, um es zu vermarkten. Plattformen wie Fiverr und Upwork eignen sich gut dafür, oder Sie können zunächst Personen aus Ihrem Netzwerk ansprechen. Unternehmen, die keine Zeit für die Erstellung von Inhalten haben, sind häufig bereit, jemanden dafür zu bezahlen.

Sobald Sie einige Kunden gewonnen haben, besteht der nächste Schritt darin, Ihre Dienstleistung in ein einheitlicheres Paket zu schnüren. Anstatt einen einzelnen Blogbeitrag in Rechnung zu stellen, bieten Sie ein monatliches Paket an: einen Blog, einen Newsletter und ein Dutzend Social-Media-Beiträge, die alle aus demselben Ausgangsmaterial stammen. Der Kunde erhält einen Mehrwert und Sie erzielen wiederkehrende Einnahmen.

Mit der Zeit entwickelt sich daraus etwas Größeres. Sie fügen weitere Inhaltstypen hinzu. Sie expandieren auf weitere Plattformen. Sie beginnen, Kunden zu gewinnen, die jemanden suchen, der ihre gesamte Marketingpräsenz übernimmt, nicht nur einzelne Inhalte. An diesem Punkt sind Sie nicht mehr freiberuflich tätig. Sie leiten eine kleine Agentur.

Einige Agenturen erzielen monatlich Zehntausende Euro, indem sie Inhalte für nur eine Handvoll Kunden verwalten. Der Unterschied zwischen ihren Anfängen und ihrer heutigen Position besteht lediglich darin, dass sie denselben Prozess in größerem Umfang anwenden. KI übernimmt nicht die Geschäftsführung für Sie, jedoch entlastet sie Sie von einem Großteil der sich wiederholenden Aufgaben, sodass eine Skalierung möglich wird, ohne dass Sie Ihre Arbeitszeit verdoppeln müssen.

Verwenden Sie Claude oder ChatGPT, um eine einfache Beschreibung Ihrer Dienstleistung zu erstellen, veröffentlichen Sie diese auf Fiverr oder Upwork, und schon können Sie loslegen. Danach geht es darum, Ihren Arbeitsablauf zu optimieren, Ergebnisse zu liefern und größere Pakete anzubieten.

Es ist von entscheidender Bedeutung, dass Sie ein Geschäftsmodell wählen, das Sie interessiert, damit Sie eine Tätigkeit ausüben können, die Ihnen Freude bereitet. Wenn Sie die detailorientierte Arbeit beim Bearbeiten langer Texte nicht mögen, ist Selbstveröffentlichung wahrscheinlich nicht das Richtige für Sie. Wenn Sie sich selbst nicht als jemanden mit einem Auge für Design sehen, wird die Erstellung von PDF-Dateien für kleine Unternehmen in Canva wahrscheinlich nicht zu langfristigem Erfolg führen. Die Wahl des richtigen Geschäftsmodells ist ebenso wichtig wie die Wahl einer Nische, die Sie interessiert.

Auf der nächsten Seite finden Sie eine Gegenüberstellung der wichtigsten KI-Geschäftsmodelle, die wir behandelt haben. Verwenden Sie diese Tabelle, um zu vergleichen, welche Tools Sie benötigen und wie lange es in der Regel dauert, bis Sie erste Ergebnisse sehen.

Zeitrahmen und Tools für KI-gestützte Unternehmen

Geschäftsmodell	Beispiel-Tool-Stack / Workflow	Zeitrahmen bis erstes 1.000 € und darüber hinaus
Digitale Produkte	ChatGPT + Canva + Gumroad / Digistore24 / Elopage	1–3 Monate → skalierbar auf **€3.000–€5.000+ pro Monat**
Self-Publishing	Claude/ChatGPT + Canva + Vellum + KDP / Lulu + Helium10	3–6 Monate → **€5.000–€10.000+** mit einem Katalog
Online-Kurse	ChatGPT + Canva + Descript + Teachable / Elopage	2–4 Monate → skaliert durch größere oder zusätzliche Kurse
Podcasting	ChatGPT + ElevenLabs + Descript + Castmagic + Spotify	6–12 Monate → wächst mit Publikum (Monetarisierung + Sponsoren)
Blogging	LowFruits.io + ChatGPT + Canva / Midjourney + WordPress	6–12 Monate → **€3.000+** möglich mit 50–100 Beiträgen
YouTube-Kanal ohne Gesicht	VidIQ + ChatGPT + Pictory + Descript + Fotor/Hotpot.ai + TubeBuddy	6–12 Monate → skalierbar durch Volumen + Affiliate-Einnahmen
Content-Services (Agentur / Freelance)	ChatGPT / Claude + Canva + Descript + Fiverr / Upwork	1–2 Monate → **€5.000–€10.000+** mit laufenden Kundenprojekten

So wählen Sie Ihre Nische aus und beginnen

In der heutigen digitalen Wirtschaft kann nahezu jede Nische monetarisiert werden, jedoch eignen sich bestimmte Nischen besser für bestimmte Geschäftsmodelle als andere. Self-Publishing funktioniert in der Regel am besten in zeitlosen Wissensbereichen wie persönlichen Finanzen, Gesundheit oder Produktivität. Digitale Produkte hingegen sind erfolgreich, wenn sie wiederkehrende Probleme lösen, wie beispielsweise die monatliche Budgetplanung.

Das könnte zum Beispiel eine Tabellenkalkulation für frischgebackene Eltern oder ein Social-Media-Kalender für Immobilienmakler sein. Anonyme YouTube-Kanäle sind in der Regel in Nischen erfolgreich, die von Neugierde geprägt sind und in denen Menschen beim Scrollen viel Zeit verbringen, wie z. B. Technik-Erklärvideos, kurze Geschichtsbeiträge oder kuriose Fakten. Wenn Sie einen Kurs entwickeln, eignen sich Nischen mit Schwerpunkt auf bestimmten Fähigkeiten am besten: Marketing, Programmieren, Design oder sogar etwas Hobbybezogenes wie Sauerteigbacken.

Viele Nischen lassen sich jedoch auch mit verschiedenen Geschäftsmodellen gut monetarisieren. Im Bereich Fitness könnten Sie beispielsweise mit einem Leitfaden für Anfänger zum Krafttraining beginnen, dann einen einfachen digitalen Workout-Tracker erstellen, einen YouTube-Kanal aufbauen, der über Affiliate-Links zu Ausrüstung Geld einbringt, und schließlich dieses Publikum in einen kostenpflichtigen Kurs einbinden. Bei persönlichen Finanzen funktioniert es genauso. Man könnte mit einer Budgetvorlage beginnen, dann ein kurzes Buch über Geldgewohnheiten veröffentlichen, einen Blog aufbauen, der Affiliate-Einnahmen generiert, und später einen kompletten Anfängerkurs zum Thema Geldanlage anbieten. Sie könnten E-Books mit Anfängermustern erstellen, digitale Strickanleitungen oder druckbare Vorlagen verkaufen, einen YouTube-Kanal mit Tutorials und Projektanleitungen aufbauen und schließlich eine Mitglieder-Community gründen, in der Enthusiasten Muster, Tipps und fertige Arbeiten austauschen.

Sie sollten in der Lage sein, leicht Ideen zur Monetarisierung Ihres Geschäftsmodells zu entwickeln. Wenn Ihnen dies nicht gelingt, sollten Sie möglicherweise ein anderes Geschäftsmodell oder eine andere Nische in Betracht ziehen.

Nische + Geschäftsmodell = Erstes Produkt

Die Auswahl einer Nische und eines Geschäftsmodells gehen Hand in Hand. Dieser Prozess hilft Ihnen dabei, Ihre Interessen mit einem Markt und einem Modell in Einklang zu bringen, für das die Menschen tatsächlich bereit sind zu zahlen.

Schritt 1: Beginnen Sie mit Themen, die Sie interessieren.

Jeder Bereich, in dem Sie Erfahrung haben und glauben, anderen helfen zu können, ist ein guter Ausgangspunkt. Denken Sie an Hobbys, Branchen, in denen Sie gearbeitet haben, oder Probleme, die Sie bereits für sich selbst oder andere gelöst haben. Sie müssen kein Experte sein. Sie müssen Ihrer Zielgruppe lediglich einen Schritt voraus sein. Diese Nische ist nichts, worauf Sie sich für immer festlegen müssen, aber Sie werden Inhalte oder Produkte zu diesem Thema erstellen. Es ist viel wahrscheinlicher, dass Sie dabei bleiben, wenn es sich um ein Thema handelt, das Ihnen Spaß macht.

Schritt 2: Finden Sie Produktideen, für die Ihre Zielgruppe bereit ist zu zahlen.

Mit Hilfe generativer KI ist dies heutzutage wesentlich einfacher. Versuchen Sie es mit einem Prompt wie:

> *Verhalten Sie sich wie Marktforschungsanalyst. Identifizieren Sie 10 Probleme, für deren Lösung **[Ihre Zielgruppe]** bereit wäre, Geld auszugeben, während sie versucht, **[Ziel]** zu erreichen. Ordnen Sie diese nach Dringlichkeit und Zahlungsbereitschaft.*

Oder, wenn Sie mehr Kontext zur Nachfrage wünschen:

> *Sie sind ein Nischenstratege. Für **[Zielgruppe]**, die **[Ziel]** erreichen möchte, listen Sie fünf Produkte oder Dienstleistungen auf, die sie bereits erwirbt. Erläutern Sie für jedes Produkt bzw. jede Dienstleistung, was ihnen daran gefällt, was fehlt und wie ein neues Angebot diese Lücke schließen könnte.*

Schritt 3: Suchen Sie nach unterversorgten Blickwinkeln.

Sie möchten nicht in einem umkämpften Markt tätig sein. Bitten Sie die KI, Mikronischen oder Lücken im Markt hervorzuheben:

> *Sie sind ein Nischenstratege. Nennen Sie fünf unterversorgte Mikronischen im Bereich **[Branche]**, die für **[Art des Produkts]** geeignet sind. Geben Sie dabei die Merkmale der Zielgruppe und die wichtigsten Produkttypen an.*
>
> Beispiel: *Nennen Sie fünf unterversorgte Mikronischen im Bereich der persönlichen Finanzen, die für digitale Produkte geeignet sind.*

Schritt 4: Validieren Sie, bevor Sie mit der Entwicklung beginnen.

KI kann Probleme aufzeigen, aber Käufer bestätigen diese. Veröffentlichen Sie eine Umfrage in einer Facebook-Gruppe, sprechen Sie mit einigen Personen in der Nische oder überprüfen Sie, was sich auf Amazon, Etsy oder YouTube verkauft. Wenn Sie feststellen, dass Menschen für ähnliche Lösungen bezahlen, sind Sie auf dem richtigen Weg.

Schritt 5: Wählen Sie eine Idee aus und setzen Sie sie um.

Verzögern Sie nicht, indem Sie versuchen, die perfekte Nische zu finden. Wählen Sie eine vielversprechende Nische aus, entwickeln Sie ein einfaches Produkt und starten Sie.

Sobald Sie sich für ein Geschäftsmodell und eine Nische entschieden haben, können Sie Ihr erstes Produkt entwickeln.

Wie die Skalierung eines KI-gesteuerten Unternehmens aussehen könnte

Nehmen wir an, Sie entscheiden sich dafür, mit einem anonymen YouTube-Kanal in einer Nische zu beginnen, die Ihnen gefällt. KI unterstützt Sie beim Verfassen von Skripten, beim Aufnehmen von Voiceovers und beim Bearbeiten kurzer Clips, die mehrmals pro Woche veröffentlicht werden können.

Die erste Ebene der Monetarisierung besteht in der Regel aus Anzeigen und Affiliate-Links. Sie können einige Tools, Apps, Bücher oder Dienstleistungen bewerben, die zu Ihrer Nische passen. Wenn Nutzer auf Ihren individuellen Affiliate-Link klicken und ein Produkt erwerben, erhalten Sie eine kleine Provision. Damit lassen sich jedoch nicht sofort alle Kosten decken. Anfangs werden Sie wahrscheinlich nur geringe Provisionen erhalten, die Ihnen sehr gering erscheinen und Sie daran zweifeln lassen, ob sich der Aufwand überhaupt lohnt. Wenn Ihre Zielgruppe jedoch wächst, kann sich dies schnell zu 100 €, dann zu 1000 € und schließlich zu deutlich mehr entwickeln.

Als Nächstes sollten Sie eine engere Beziehung zu Ihrer Zielgruppe aufbauen. Sie können einen kostenlosen Leitfaden oder eine Ressource als Lead-Magnet erstellen und diesen Ihren Followern im Austausch für ihre E-Mail-Adresse anbieten. Nun sind Sie nicht mehr von einer bestimmten Plattform oder einem Algorithmus abhängig, um Ihr Unternehmen auszubauen. Sie können Ihre Zielgruppe direkt erreichen. Hier können Sie Vertrauen und eine gute Beziehung aufbauen, und hier entstehen auch zukünftige Umsätze.

Mit einer E-Mail-Liste und einem wachsenden Kanal sind Sie bereit, Ihr erstes Produkt auf den Markt zu bringen. Ein einfaches digitales Produkt, wie beispielsweise ein Vorlagenpaket, ein Arbeitsbuch oder ein Minikurs, bietet Ihrer Zielgruppe einen Mehrwert, den sie direkt bei Ihnen erwerben kann. Die Verkäufe werden zunächst langsam anlaufen, dann jedoch zunehmen, wenn Ihre Zielgruppe weiter wächst und Sie das Produkt verbessern.

Von dort aus wird die Skalierung zu einem mehrschichtigen Prozess. Sie erweitern Ihre Produktpalette, führen höherpreisige Artikel ein oder bündeln sogar Ihre Angebote. Sie erstellen eine Website, die als zentrale Anlaufstelle dient, auf der Menschen Ihre Arbeit auch außerhalb von YouTube entdecken können. Und da KI Ihnen dabei hilft, Inhalte zu generieren, Produkte zu verfeinern und Prozesse zu automatisieren, können Sie mehr Wachstum bewältigen, ohne dass der Arbeitsaufwand steigt.

Auf diese Weise können kleine Anfänge, wie das Posten von KI-gestützten YouTube-Videos, zu einem vollwertigen Unternehmen heranwachsen. Rechnen Sie damit, dass Sie 6 bis 12 Monate lang konsequent und zielgerichtet arbeiten müssen, bevor Sie Systeme etablieren können, die reibungslos funktionieren. Denken Sie daran, dass KI Ihnen dabei hilft, schneller aufzubauen, zu schaffen und zu wachsen, aber die Arbeit nicht abnimmt oder ersetzt. Wenn Sie jemand sind, der sofortige Befriedigung in Form von Geld sucht, dann ist vielleicht ein Lotterielos die bessere Wahl. Die Gründung eines Unternehmens ist möglicherweise nicht das Richtige für Sie.

Eine letzte Bitte

Ich weiß, eine Seite am Ende eines Buches, die um Rezensionen bittet, wirkt schnell wie Bettelei. Ich melde mich selbst bei Unternehmen ab, die ständig etwas von mir wollen.

Aber als Kleinverleger hängen meine Verkäufe direkt von Rezensionen ab. Verkäufe halten sprichwörtlich das Licht an – und den Strom, mit dem ich meinen Laptop lade, um weitere praktische KI-Bücher zu schreiben, die Ihnen (hoffentlich) Zeit und Nerven sparen.

Wenn Ihnen dieses Buch etwas gebracht hat – oder wenn Sie Ideen haben, wie ich das nächste noch besser machen kann – freue ich mich riesig, wenn Sie sich kurz die Zeit für eine Rezension auf Amazon nehmen.

Und wenn nicht, kein Problem. Wichtig ist nur, dass Sie aus dem Buch etwas für sich mitnehmen konnten.

Scannen Sie einfach den QR-Code unten, um Ihre Rezension abzugeben.

Mit freundlichen Grüßen,

Lauren @ ModernMind Publications

Fazit

Erinnern Sie sich daran, wie wir dieses Buch begonnen haben.

Was wäre, wenn Sie den Inhalt einer ganzen Woche in weniger als 30 Minuten verfassen könnten – und dabei sogar Freude daran empfinden? Was wäre, wenn Aufgaben, für die Sie früher fast eine ganze Arbeitswoche gebraucht haben, nun an einem einzigen Tag erledigt wären?

Nun wissen Sie, wie das funktioniert. Sie sind einen großen Schritt weitergekommen. Wenn Sie die Übungen in diesem Buch befolgt haben, haben Sie einen Blog erstellt, der für Ihr Leben oder Ihr Unternehmen von großem Wert sein kann, wenn Sie sich dafür entscheiden, ihn weiter auszubauen.

Auch wenn Sie keinen Blog führen möchten, haben Sie eine Idee aufgegriffen, sie in verschiedenen Formaten weiterentwickelt und schließlich ein fertiges Produkt geschaffen. Auf genau diese Weise können Sie mit KI alles erstellen, was Sie möchten. Es beginnt mit Ihrer Idee, die Sie dann mit Ihren Fähigkeiten umsetzen, um sie zum Leben zu erwecken.

Einige unserer Schritte haben wir bewusst vereinfacht. Als wir den Blogbeitrag in ein Video und einen Podcast umgewandelt haben, haben wir die Skripte nicht von Grund auf neu geschrieben. Wir haben nicht von vorne begonnen, um jede Version vollständig für ihre jeweilige Plattform zu optimieren. Wenn es sich hierbei um eine echte Content-Strategie für Ihr Unternehmen oder Ihre persönliche Marke handeln würde, würden Sie wahrscheinlich mehr tun. Sie würden bestimmte Abschnitte kürzen, den Anfang ändern, den Ton überarbeiten oder Anpassungen vornehmen, um das Publikum und das Format besser anzusprechen.

Das war jedoch nicht der springende Punkt. Das Ziel dieser Übungen bestand nicht darin, jeden einzelnen Inhalt zu perfektionieren. Vielmehr ging es darum, Ihnen praktische Erfahrungen im Umgang mit KI-Tools zu vermitteln, damit Sie nachvollziehen können, wie sie funktionieren und wie Sie sie in Ihre eigenen Arbeitsabläufe integrieren.

Dieses Buch wurde nicht verfasst, um Ihnen Kopier- und Einfüge-Abkürzungen zu vermitteln. Es sollte Ihnen dabei helfen, wertvolle Fähigkeiten zu erwerben. Sie haben gelernt, in Zusammenhängen und Abläufen zu denken. Sie haben gelernt, KI mit klaren Anweisungen zu steuern. Und Sie haben gelernt, wie Sie die Ergebnisse bewerten und verbessern können.

Wenn Sie Unternehmer oder angehender Unternehmer sind, wissen Sie nun, wie Sie KI in Ihren bestehenden Arbeitsabläufen einsetzen oder etwas völlig Neues von Grund auf aufbauen können. Sie haben gesehen, wie Ideen in nutzbare Ergebnisse umgesetzt werden können. Und Sie haben gesehen, wie schnell sich Entwicklungen vollziehen, wenn die Tools richtig eingerichtet sind.

Wie Sie das Gelernte einsetzen, liegt nun ganz bei Ihnen. Aber Sie haben bereits mehr erreicht, als die meisten Menschen jemals erreichen werden.

Und wenn Sie das Buch nur gelesen haben, ohne eines der Werkzeuge auszuprobieren, sind Sie wahrscheinlich nicht viel näher an dem Ziel, das Sie dazu bewogen hat, dieses Buch in die Hand zu nehmen. Ich empfehle Ihnen dringend, zurückzugehen und die Arbeit zu erledigen.

Es ist nicht erforderlich, ein weiteres Buch zu erwerben, in der Hoffnung, darin eine magische Information zu finden, die die Integration von KI in Ihr Leben oder Ihr Unternehmen vereinfacht. Sie verfügen bereits über die grundlegenden Fähigkeiten. Der nächste Schritt besteht darin, die in diesem Buch erworbenen Fähigkeiten anzuwenden und eine KI-Denkweise zu entwickeln. Das bedeutet, jede neue Aufgabe, jedes neue Problem und jedes neue Projekt mit folgenden Fragen anzugehen:

- *Wo passt KI hier hinein?*
- *Was kann es für mich entwerfen oder strukturieren?*
- *Welche Teile muss ich noch verfeinern?*

- *Wie nutze ich die Tools, um schneller zu werden, ohne dabei nachlässig zu werden?*

KI wird Ihr Leben nicht verändern, wenn Sie lediglich Anweisungen auswendig lernen oder Arbeitsabläufe kopieren. Es wird Sie zwar bis zu einem gewissen Punkt bringen, aber dann werden Sie frustriert sein, wenn Sie erneut ins Stocken geraten. KI selbst kann zwar einige zeitsparende Abkürzungen bieten, aber es gibt keine Abkürzungen, um diese Fähigkeiten zu erlernen. Der Aufbau, das Testen und die Verfeinerung automatisierter Systeme erfordern Zeit.

Machen Sie sich also jetzt an die Arbeit. Warten Sie nicht, bis KI zu etwas wird, das Sie lernen müssen. Wählen Sie etwas, das Sie erstellen möchten, und legen Sie los.

Finden Sie heraus, wie Sie es umsetzen können. Kehren Sie zu diesem Buch zurück, wenn Sie sich erneut mit Arbeitsabläufen oder Tools befassen müssen.

Derzeit besteht noch die Möglichkeit, einen Vorsprung zu erlangen. Die meisten Menschen haben entweder Bedenken hinsichtlich der Tools oder sind unsicher, wo sie beginnen sollen. Diejenigen, die sich aktiv mit dem Lernen, Ausprobieren und Weiterentwickeln von Tools sowie dem Aufbau von Systemen beschäftigen, werden einen erheblichen Vorteil haben. Sie werden später nicht in Panik geraten und sich fragen, was konversationelle KI bedeutet, wenn KI längst zum Alltag gehört.

Dieses Zeitfenster wird nicht mehr lange offen bleiben. Sobald der Einsatz von KI zur Norm wird, wird der Wettbewerb härter. Insbesondere im Online-Bereich. Die Eintrittsbarrieren werden weiter sinken, während die Anforderungen, um sich von der Masse abzuheben, weiter steigen werden.

Bis dahin geht es nicht mehr nur darum, zu wissen, wie man KI einsetzt. Es geht darum, bereits über funktionierende Systeme zu verfügen. Mit dem Kauf dieses Buches haben Sie sich einen Vorsprung verschafft.

Bitte geben Sie jetzt nicht auf. Sie haben bereits die mühsame Arbeit am Anfang hinter sich gebracht. Bauen Sie etwas auf. Setzen Sie es in die Tat um, verbessern Sie dann Ihre Prompts oder finden Sie bessere Tools, die es optimieren. Geben Sie sich selbst den Freiraum und die Geduld, noch nicht perfekt darin zu sein. Das gelingt nicht auf Anhieb, aber mit der Zeit wird es funktionieren. Und wenn es soweit ist, werden Sie ein Schwungrad aufbauen, das sich immer schneller dreht und mit weniger Aufwand bessere Ergebnisse liefert. Dann wird KI nicht nur nützlich, sondern auch spannend und motivierend.

Sie hinken nicht hinterher. Im Gegenteil, Sie gehören zu den Ersten. Ich habe dort angefangen, wo Sie jetzt sind. Durch alle Herausforderungen und Frustrationen hindurch daran festzuhalten, hat für mich alles verändert. Das kann es auch für Sie tun.

Quellen

10Web. „Bewertung und Alternativen zum Website-Baukasten Durable AI". 2024. https://10web.io/blog/durable-ai-website-builder/

AIPRM. „Über 100 ChatGPT-Statistiken 2024." https://www.aiprm. com/chatgpt/statistics

Ambassador. „Wie LLMs Eingaben verarbeiten: Eine eingehende Untersuchung." 2025. https://www.getambassador.io/blog/prompt-engineering-for-llms

ARDEM. „KI-gesteuerte Geschäftsprozessautomatisierung senkt Betriebskosten um 20–30 %." 2025. https://ardem.com/bpo/ ai-driven-business-process-automation-path-to-cost-savings-2025

Argoid. „Wie Netflix künstliche Intelligenz einsetzt." 2024. https:// www.argoid.ai/blog/netflix-ai

Arize AI. „Prompt-Optimierung mithilfe von Few-Shot-Prompting." 2025. https://arize.com/blog/prompt-optimization-few-shot-prompting

arXiv (Hu et al.). „Der Einfluss von Textvariationen auf die Nutzerinteraktion beim plattformübergreifenden Teilen von Inhalten." 2025. https:// arxiv.org/abs/2505.03769

arXiv (Rama et al.). „Eine groß angelegte Studie zur Interaktion von Lesern mit Bildern auf Wikipedia." 2021. https://arxiv.org/abs/2112. 01868

arXiv. „KI-Ketten: Transparente und kontrollierbare Mensch-KI-Interaktion durch Verkettung großer Sprachmodell-Prompts." 2021. https://arxiv.org/abs/2110.01691

arXiv. „AI Royalties – ein IP-Rahmenwerk zur Vergütung von Künstlern." 2024. https://arxiv.org/abs/2406.11857

arXiv. „E2E-Prozessautomatisierung mit generativer KI und intelligenter Dokumentenverarbeitung." 2025. https://arxiv.org/abs/2505.20733

arXiv. „Generative KI und Urheberrecht: Eine dynamische Perspektive." 2024. https://arxiv.org/abs/2402.17801

arXiv. „Generative KI-gesteuertes Storytelling: Eine neue Ära für das Marketing." 2023. https://arxiv.org/abs/2309.09048

arXiv. „MM-REACT: ChatGPT für multimodales Denken und Handeln anregen." 2023. https://arxiv.org/abs/2303.11381

arXiv. „Transformation von Unternehmen mit generativer KI: Forschung, Innovation." 2024. https://arxiv.org/abs/2411.14437

Axios. „Die Vier-Tage-Woche erhält neuen Auftrieb: KI." 29. Juni 2025. https://www.axios.com/2025/06/29/ai-productivity-four-day-work-week

Backlinko. „Wie man KI für das Verfassen herausragender Inhalte einsetzt (7 Best Practices)." 2024. https://backlinko.com/ai-for-writing

Blood in the Machine. „Kein Dank an eine KI-Buchgenerierung." 2024. https://www.bloodinthemachine.com/p/no-thanks-to-generative-ai

Brafton. „ElevenLabs Review: Was Content-Ersteller wissen sollten." 2024. https://www.brafton.com/blog/ai/elevenlabs-review/

Business Insider. „Ich habe meinen Arbeitsplatz bei einem großen Technologieunternehmen aufgegeben, um mein eigenes Unternehmen zu gründen. Hier sind fünf KI-Tools, die mir bis zu 15 Stunden pro Woche einsparen." 2025. https://www.businessinsider.com/ai-tools-save-15-hours-week-big-tech- founder-2025-6

Business Insider. „Mein Unternehmen hat die 4-Tage-Woche eingeführt, wodurch wir effizienter geworden sind. Hier sind drei Beispiele, wie KI dabei hilft.“ 2025. https://www.businessinsider.com/4-day-workweek-ai-tools-efficiency- 2025-4

Das Geschäft mit Apps. „ChatGPT hat einen Rekord als schnellste App aufgestellt, die 100 Millionen aktive Nutzer erreicht hat, und diesen Meilenstein in nur zwei Monaten erreicht. Monaten erreicht.“ 2025. https://www.businessofapps.com/data/chatgpt-statistics/#:~:text=ChatGPT%20reached%20100%20million% 20users,by%20the%20start%20of%202025

Business Wire. „Pictory stellt einen der weltweit ersten KI-Video-MCP-Server vor.“ 24. Juni 2025. https://www.businesswire. com/news/home/20250624026119/en/Pictory-Introduces-One-of-the-Worlds-First-AI-Video-MCP-Servers

CampaignHQ Blog. „10 unverzichtbare KI-Produktivitätswerkzeuge für 2025”. 2025. https://blog.campaignhq.co/ai-productivity-tools/

Canva. „Übersicht über den KI-Bildgenerator.“ 2024. https://www.canva.com/features/ai-image-generator

ClickUp. „Motion vs. Reclaim & ClickUp: Vergleich von KI-Planern.“ https://clickup.com/blog/motion-vs-clickup

Confluent Blog. „Chopped: KI-Edition – Erstellung eines Speiseplaners.“ 2025. https://www.confluent.io/blog/ai-meal-planner/

Convin.ai. *„KI-Agent für den Vertrieb.“* 2024. https://convin.ai/blog/ai-agent-for-sales

CyberNews. „Durable AI Builder Review: Vorteile und Anwendungsfälle.“ 2024. https://cybernews.com/best-website-builders/durable-ai-website-builder-review/

DDevi. „Automatisierung der Rechnungserstellung, des Versands und der Nachverfolgung mit KI.” 2025. https://ddevi.com/blog/ai-invoice-processing-automating-creation-and-sending-in-2025

Durable. „KI-Website-Builder“. 2024. https://durable.co/ai-website-builder

ElevenLabs. „Die Zukunft erkunden: Wird KI Synchronsprecher ersetzen?“ 2023. https://elevenlabs.io/blog/will-ai-replace-voice-actors

ElevenLabs. „Wie viel verdienen Synchronsprecher?“ 27. März 2024. https://elevenlabs.io/blog/how-much-do-voice-actors-make

ElevenLabs. „Preise für Kreative und Unternehmen“. 2025. https:// elevenlabs.io/pricing

Elm Club (Creative Bloq). „Netflix wird (erneut) wegen fragwürdiger KI-Kunst kritisiert.“ 5. Januar 2025. https://www.creativebloq.com/ai/ai-art/netflix-gets-roasted-over-dodgy-ai-art-again

Email In Detail. „Die Entwicklung von Spam-Filtern und ihre Rolle für die E-Mail-Sicherheit.“ 2024. https://emailindetail.com/blog/the-evolution-of-spam-filters-and-their-role-in-email-security

European Writers Council. „Auswirkungen von KI auf neue Wertversprechen in der Geschäftsmodellinnovation.“ 2025. https://www.sciencedirect. com/science/article/pii/S0166497225000239

Exploding Topics. „50 NEUE Statistiken zur künstlichen Intelligenz (Juni 2025).“ 2025. https://explodingtopics.com/blog/ai-statistics

Exploding Topics. „Anzahl der ChatGPT-Nutzer (Juni 2025)“. 2025. https://explodingtopics.com/blog/chatgpt-users

FastPix. „Wie man Video-Miniaturansichten mit KI und APIs optimiert, um die Interaktion zu verbessern.“ 25. März 2025. https://www. fastpix.io/blog/how-to-optimize-video-thumbnails-with-ai-and-apis-for-better-engagement

Fintech News. „Generative KI: Erschließen Sie neue Einnahmequellen für Ihr Unternehmen.“ 2024. https://www.fintechnews.org/generative-ai-unlocking-new-revenue-streams-for-your-business

FlowHunt Blog. „Erstellen Sie Ihren eigenen KI-Speiseplaner.” 2025. https://www.flowhunt.io/blog/ai-meal-prep-planner/

FT. „Übermäßiger Einsatz von KI-Tools am Arbeitsplatz kann die psychische Gesundheit beeinträchtigen.“ 2025. https://www.ft.com/content/af77d93b-facc-41e6-a4bf-36ddbc9ab557

Gong, Junmin et al. „ACE-Step: Ein Schritt in Richtung eines Modells zur Musikgenerierung.“ *arXiv*,

28. Mai 2025. https:// arxiv.org/abs/2506.00045

Gravitate Design. „Optimierung der Lesbarkeit von KI: Der Schlüssel zum KI-Suchverkehr." 2024. https://www.gravitatedesign.com/blog/ai-readability-optimization

Harvard Business Review. „Wie nutzt Ihr Team die durch Gen AI eingesparte Zeit?" März–April 2025. https://hbr.org/2025/03/ how-is-your-team-spending-the-time-saved-by-gen-ai

HeyGen. „Erstellen Sie KI-Avatar-Videos aus Text." 2024. https://www. heygen.com/

HIIG Digital Society Blog. „Die unbeabsichtigten Folgen des Verfassens von E-Mails mit KI." April 2025. https://www.hiig.de/ en/unintended-consequences-of-ai-written-emails/

HubSpot. „Wie man ChatGPT für Marketingtexte nutzt." 2023. https://www.hubspot.com/blog/marketing/how-to-use-chatgpt

IntoTheMinds. „Auf LinkedIn erzielen kontroverse Beiträge zehnmal mehr Aufrufe und Likes." 10. Februar 2025. https://www.intotheminds. com/blog/en/linkedin-controversial-posts/

ITIF (Federal Reserve Bank of St. Louis). „Fakt der Woche: 20,5 Prozent der regelmäßigen Nutzer generativer KI geben an, wöchentlich vier oder mehr Stunden bei der Arbeit einzusparen." Mai 2025. https://itif.org/publications/2025/05/09/frequent-generative-ai-users-report-saving-hours-weekly-at-work/

Kane Simms (LinkedIn). „So nutzt Netflix KI zur Erstellung von Miniaturansichten ..." 2023. https://www.linkedin.com/posts/kanesimms_ai-netflix-designers-activity-7110155661602078720-HXIw

LearnAI.IM. „3 Prompt Mastery – Experimentieren und iterieren." 2025. https://learnai.im/courses/prompt-mastery-understanding-ai-prompts-and-how-and-when-to-use-custom-instructions-getting-organised-in-chatgpt-and-claude-and-clever-hyperlinks/lessons/3-prompt-mastery-experiment-and-iterate-5-mins/

Lifewire. „Was ist generative KI?" 2023. https://www.lifewire. com/what-is-generative-ai-7510795

LinkedIn-Artikel. „Wie nutzt Ihr Team die durch Gen AI eingesparte Zeit?" 2025. https://www.linkedin.com/pulse/how-your-team-spending-time-saved-gen-ai-william-zhang-zzszc

Lyria Team et al. „Live Music Models." *arXiv*, 6. August 2025. https://arxiv.org/abs/2508.04651

Magai. „ChatGPT-Schreibprozessschritte für 10-mal bessere Ergebnisse." 2024. https://magai.co/chatgpt-writing-process-steps

McKinsey & Company. „Superagency am Arbeitsplatz: Menschen befähigen, das volle Potenzial der KI auszuschöpfen." Januar 2025. https://www.mckinsey.com/capabilities/mckinsey-digital/our-insights/superagency-in-the-workplace-empowering-people-to-unlock-ais-full-potential-at-work

McKinsey & Company. „Was ist generative KI?" 2024. https://www.mckinsey.com/featured-insights/mckinsey-explainers/what- is-generative-ai

Medium (Arbaaz Kan). „Wichtige Techniken im Prompt Engineering: Iterative Verfeinerung." 2024. https://medium.com/@arbaazkan96/key-techniques-in-prompt-engineering-iterative-refinement-a835f305af57

Medium. „KI in der Küche: Meine Reise zur Entwicklung eines intelligenten Essensassistenten, Teil II." 15. Mai 2025. https://medium.com/@ dgitalizeme/mealestroai-smart-meal-planner-7e4c8ff5a93c

Medium. „Wie die New York Times KI integriert: Eine durchdachte Bewertung." 2024. https://medium.com/@ Ernest_Bowes/how-the-new-york-times-integrates-a-i-a-thoughtful-review-af5bac06afed

Metricool. „Grok erklärt: Was kann der neue KI-Chatbot von X?" 2025. https://metricool.com/grok-ai/

Microsoft Work Trend Index. „KI am Arbeitsplatz ist bereits Realität. Nun beginnt die anspruchsvolle Phase." 2023. https://www.microsoft.com/en-us/ worklab/work-trend-index/ai-at-work-is-here-now-comes-the-hard-part

MidJourney. „KI-gestützte, promptbasierte Bilderzeugung." 2024. https://www.midjourney.com/home/

MIT News. „Erläutert: Generative KI." 2023. https://news.mit.edu/2023/explained-generative-ai-1109

MIT Sloan. „Effektive Eingabeaufforderungen für KI: Das Wesentliche." 2025. https://mitsloanedtech.mit.edu/ai/basics/effective-prompts

Motion. „KI-gestützte Projektplanung: Abhängigkeiten, Fristen und automatische Neuplanung." https://www.usemotion.com/blog/ai-project-scheduling

Motion. „Wir haben über 50 KI-Produktivitäts-Tools getestet. Hier sind die 16 besten Tools." 2025. https://www.usemotion.com/blog/ai-productivity-tools

Nerdynav. „107+ ChatGPT-Statistiken und Nutzerzahlen (Juni 2025)." 2025. https://nerdynav.com/chatgpt-statistics

NetSuite. „Einsatz von KI für die Rechnungsbearbeitung: End-to-End-Automatisierung." 2024. https://www.netsuite.com/portal/resource/ articles/accounting/ai-invoice-processing.shtml

Next Insurance. „KI-Tools für Buchhaltung und Gehaltsabrechnung sparen Zeit und reduzieren Fehler." https://www.nextinsurance.com/blog/ai-for-small-business

NextDC. „Navigieren durch die KI-Landschaft: Traditionelle KI vs. generative KI." 2023. https://www.nextdc.com/blog/how-to-navigate-generative-ai

NNG (Nielsen Norman Group). „KI verbessert die Produktivität der Mitarbeiter um 66 %". 16. Juli 2023. https://www.nngroup.com/ articles/ai-tools-productivity-gains/

NPR. „Grok, Elon Musks KI-Bot, lobte Hitler und produzierte antisemitische Inhalte." 9. Juli 2025. https://www.npr.org/2025/07/ 09/nx-s1-5462609/grok-elon-musk-antisemitic-racist-content

OpenAI Community. „ChatGPT4 jetzt mit 50 Nachrichten alle 3 Stunden." 2023. https://community.openai.com/t/chatgpt4-now-with-50-messages-every-3-hours/304697

OpenAI-Community. „Interaktionsbeschränkungen für ChatGPT-4." 2024. https://community.openai.com/t/interaction-limits-for-chatgpt-4/1090938

Originality.AI. „Acht Fälle, in denen KI-Halluzinationen oder sachliche Fehler zu schwerwiegenden Problemen führten." 2023. https://originality.ai/blog/ai-hallucination-factual-error-problems

Parseur. „KI-Rechnungsbearbeitung: 30–50 % Kosteneinsparungen bei der Kreditorenbuchhaltung." https://parseur.com/use-case/ai-invoice-processing

Patsnap Eureka. „Die besten KI-Produktivitätswerkzeuge für 2025." 2025. https://eureka.patsnap.com/blog/ai-productivity-tools-2025/

Perplexity AI. „Erste Schritte mit Perplexity". 2024. https:// www.perplexity.ai/hub/blog/getting-started-with-perplexity

Perplexity Reinvented. „Fortschrittliche KI-Zitate, die Vertrauen schaffen." 2024. https://snrspeaks.medium.com/perplexity-reinvented-advanced-ai-citations-that-build-trust-32c2e2dd9cc0

Persana.ai. *„Fallstudien zu KI-Vertriebsmitarbeitern"*. 2024. https://persana.ai/blogs/ai-sales-agent-case-studies

Pew Research Center. „Verbesserungen in Sicht: Wie sich Menschen und KI im nächsten Jahrzehnt gemeinsam weiterentwickeln könnten." 2018. https://www.pewresearch.org/internet/2018/12/10/improvements- ahead-how-humans-and-ai-might-evolve-together-in-the-next-decade/

ProfileTree. „Prompt Engineering im Jahr 2025: Trends, Best Practices." 2025. https://profiletree.com/prompt-engineering-in-2025-trends-best-practices-profiletrees-expertise/

PubSpot. „Generative KI und Verlagswesen." 2023. https://pubspot. ibpa-online.org/article/generative-ai-and-publishing

Ramp. „KI-basierte Rechnungsbearbeitung für die Kreditorenbuchhaltung." 2025. https://ramp.com/blog/ai-invoice-processing

ReadySpace Academy. „ChatGPT vs. Perplexity: Duell der KI-Sprachmodelle." 2025. https://readyspace.academy/chatgpt-vs-perplexity/

RecoSense Labs. „Wie Netflix KI und ML einsetzt, um zu bestimmen, welche Miniaturansichten verwendet werden.“ 2021. https://www.recosenselabs. com/blog/how-netflix-uses-ai-and-ml-to-determine-which-thumbnails-they-use

Reddit-Nutzer. „Die Begrenzung auf 40 Nachrichten in 3 Stunden bei ChatGPT verstehen.“ 2023. https://community.openai.com/t/ understanding-the-40-messages-in-3-hours-limit-on-chatgpt/ 563128

Reuters. „ChatGPT stellt Rekord für die am schnellsten wachsende Nutzerbasis auf.” 2023. https://www.reuters.com/technology/chatgpt-sets-record-fastest-growing-user-base-analyst-note-2023-02-01/

Rippling. „Die besten KI-Tools für die Automatisierung von Arbeitsabläufen in kleinen Unternehmen.“ https://www.rippling.com/blog/ai-tools-for-small-businesses

ScienceDirect. „Wenn generative künstliche Intelligenz auf multimodale Komposition trifft.“ 2024. https://www.sciencedirect.com/ science/article/pii/S8755461524000598

Spines. „KI für das Schreiben und Bearbeiten: Die Transformation der Verlagswelt.“ 2024. https://spines.com/ai-for-writing-and-editing

Spotify & The Verge. „Spotify vereinfacht die Veröffentlichung von Hörbüchern, die von KI gesprochen werden.“ 20. Februar 2025. https://www. theverge.com/news/616355/spotify-audiobooks-elevenlabs-ai-narration

Sulbha Jain. „Vom Prompt Engineering zum Prompt Crafting mit 3Cs.” 2025. https://medium.-com/@sulbha.jindal/from-prompt-engineering-to-prompt-crafting-with-3cs-c425ac932204

SuperAGI. *„Wie KI-Vertriebsmitarbeiter die Lead-Generierung und -Qualifizierung im Jahr 2025 revolutionieren: Ein Leitfaden für Einsteiger.“* 2025. https://superagi. com/how-ai-sales-agents-are-revolutionizing-lead-generation-and-qualification-in-2025-a-beginners-guide/

Superhuman Blog. „Die 12 besten KI-Produktivitätssoftwaretools im Jahr 2025.“ 2025. https://blog.superhuman.com/ai-productivity-software/

Superhuman Blog. „Die 17 besten KI-Produktivitäts-Tools im Jahr 2025: getestet und bewertet.” 2025. https://blog.superhuman.com/best-ai-tools-for-productivity/

Superhuman Blog. „Wie ein KI-E-Mail-Writer Ihnen ganz einfach 4 Stunden pro Woche einsparen kann.” 2025. https://blog.superhuman.com/email-ai-writer-2/

Tech.co. „Studie: KI schafft mehr Aufgaben für Arbeitnehmer.“ 2025. https://tech.co/news/study-workplace-ai-limited-benefits-workers

TechCrunch. „ChatGPT: Alles, was Sie über den KI-gestützten Chatbot wissen müssen.“ 2025. https://techcrunch.com/2025/ 06/20/chatgpt-everything-to-know-about-the-ai-chatbot

TechRadar. „Die Nutzung von KI durch Arbeitnehmer steigt rasant an – und sie hält tatsächlich alles, was sie verspricht.“ 2025. https://www. techradar.com/pro/ai-usage-for-workers-is-skyrocketing-and-its-actually-doing-everything-it-promised

TechRadar. „Wie ich KI nutze, um mein ADHS zu bewältigen – 5 Tools, die Ihnen helfen, Ihr Leben im Griff zu behalten, und 1 Fehler, den Sie vermeiden sollten.“ 2025. https://www.techradar.com/computing/artificial-intelligence/ how-i-use-ai-to-help-my-adhd-5-tools-that-will-help-you-keep-on-top-of-life-and-1-mistake-to-watch-out-for

Tekrevol. „Multimodale KI – Funktionsweise, Anwendungsfälle und Beispiele.“ 2024. https://www.tekrevol.com/blogs/multimodal-ai-how-it-works-use-cases-examples/

The Australian. „Notion zur Bekämpfung von Tech-Bloat und zur Steigerung der Produktivität.“ 2025. https://www.theaustralian.com.au/ business/...notion-to-fight-tech-bloat

The Business Dive. „Motion vs. Notion: Warum ich BEIDES verwende (2025).“ 2025. https://thebusinessdive.com/motion-vs-notion

The Guardian. „KI-Prompt-Engineering: Erfahren Sie, wie Sie vermeiden können, einem Chatbot eine unangemessene Frage zu stellen.“ 2023. https://www.theguardian.com/ technology/2023/jul/29/ai-prompt-engineering-chatbot-questions-art-writing-dalle-midjourney-chatgpt-bard

The Guardian. „ChatGPT erreicht zwei Monate nach dem Start 100 Millionen Nutzer.“ 2023. https://www.theguardian.com/technology/2023/feb/02/chatgpt-100-million-users-open-ai-fastest-growing-app

The Sun. *„Ich habe in den ersten 15 Tagen dieses Jahres mit meinem digitalen Nebenjob über 22.000 Dollar verdient – man benötigt lediglich drei Apps.“* 13. Oktober 2024. https://www.the-sun.com/money/12648231/side-hustle-canva-chatgpt- stan-store-digital-products

The Sun. *„Ich habe meinen Vollzeitjob gekündigt und verdiene nun 5.000 Dollar pro Woche mit meinem Nebenjob für Anfänger – man kann sogar im Schlaf Geld verdienen.“* 24. September 2024. https://www.the-sun.com/money/12526297/side-hustle-digital-products-selling-easy

Thomson Reuters. „KI soll Fachkräften bis 2029 12 Stunden pro Woche einsparen.“ 2024. https://www.newswire.ca/news-releases/ai-set-to-save-professionals-12-hours-per-week-by-2029-804917365.html

Tom's Guide. „Ich schreibe beruflich über KI – hier sind meine 5 besten Tipps für ChatGPT-Eingaben.“ 2025. https://www.tomsguide.com/ai/ chatgpt/i-write-about-ai-for-a-living-heres-my-top-5-chatgpt-prompt-tips

Tom's Guide. „Es ist nicht nur ChatGPT – dies sind die 5 KI-Tools, die ich täglich nutze.“ 17. Mai 2025. https://www.tomsguide.com/ai/its-not-all-chatgpt-these-are-the-five-ai-tools-i-use-the-most

TypingMind. „Die neue Nachrichtenbegrenzung von GPT-4o.“ 2025. https://writingmate.ai/blog/gpt-limit-solutions

Valantic. *„KI-Vertriebsmitarbeiter: Wie man anfängt.“* 2024. https://www.valantic. com/en/blog/ai-sales-agent-how-to-start/

Vox. „Argumente für die Nutzung Ihres Gehirns – auch wenn KI für Sie denken kann.” 2025. https://www.vox.com/future-perfect/403100/ai-brain-effects-technology-phones

Wired. „Ich habe diese KI-basierten Produktivitäts-Tools ausprobiert. Hier sind die Ergebnisse.“ 2024. https://www.wired.com/story/6-ai-based-productivity-tools-tested

YACHT. *Chain Tripping* (2019). Smithsonian Magazine, wie oben zitiert; Magenta (Google) Blog; Wikipedia.

Zack Saadioui. „Iterating for Improvement: The Necessity of Prompt Engineering in AI.” 2025. https://www.arsturn.com/ blog/iterating-for-improvement-the-necessity-of-prompt-engineering-in-ai

Zapier. „Wie man KI-Inhalte für Dienste, E-Mail-Sequenzen und mehr wiederverwenden kann.” 2024. https://zapier.com/blog/ai-content-repurposing

Zapier. „Wir haben über 50 KI-Produktivitäts-Tools getestet. Hier sind die 16 besten KI-Produktivitäts-Tools.” 2025. https://zapier.com/blog/best-ai-productivity-tools/

Made in the USA
Monee, IL
04 November 2026

67381186R00095